工业和信息化高职高专"十二五"规划教材立项项目

21世纪高职高专机电工程类规划教材

21 SHIJI GAOZHIGAOZHUAN JIDIANGONGCHENGLEI GUIHUA JIAOCAI

金工实训教程

■ 张涛 顾伟强 主编

人民邮电出版社

北 京

图书在版编目（CIP）数据

金工实训教程 / 张涛，顾伟强主编. -- 北京：人
民邮电出版社，2011.9
　21世纪高职高专机电工程类规划教材　工业和信息化
高职高专"十二五"规划教材立项项目
　ISBN 978-7-115-25896-0

　Ⅰ．①金… Ⅱ．①张… ②顾… Ⅲ．①金属加工—实
习—高等职业教育—教材 Ⅳ．①TG-45

中国版本图书馆CIP数据核字(2011)第152612号

内 容 提 要

　　本书是普通高等职业教育"十二五"规划教材，包括金工实训基本知识、钳工、车削加工、铣削加工、刨削加工、焊接、特种加工技术等7章，并另附习题。

　　本书叙述由浅入深，通俗易懂，特别适合初学者。本书可供高职高专院校工科各专业作为技术基础课"金工实训"的教材，也可作为工程技术人员的自学参考书。

工业和信息化高职高专"十二五"规划教材立项项目

21 世纪高职高专机电工程类规划教材

金工实训教程

◆ 主　编　张　涛　顾伟强
　　责任编辑　赵慧君

◆ 人民邮电出版社出版发行　　北京市崇文区夕照寺街 14 号
　　邮编　100061　电子邮件　315@ptpress.com.cn
　　网址　http://www.ptpress.com.cn
　　大厂聚鑫印刷有限责任公司印刷

◆ 开本：787×1092　1/16
　　印张：11.25　　　　　　　2011 年 9 月第 1 版
　　字数：287 千字　　　　　　2011 年 9 月河北第 1 次印刷

ISBN 978-7-115-25896-0

定价：24.80 元

读者服务热线：**(010)67170985**　印装质量热线：**(010)67129223**
反盗版热线：**(010)67171154**

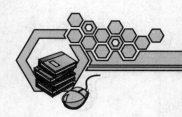

总 序

　　为适应教学改革的需要，切实加强内涵建设，增强应用型人才培养的针对性，确保使用的教材符合学生实际。学校决定启动"名书"工程，由具有高级职称、从事教学工作多年、有丰富教学经验、教学效果好的教师担任主编，出版一批自编教材，从而带动学校的教材建设，进一步提高教育教学质量。

　　该教材具有如下特点：一是教材定位创新。定位目标"新颖、实用、全面、精确"。主要以学习知识为基础，创新人才培养新模式为前提，培养能力为目的，提高综合素质为保证。二是教材内容创新。教材内容注重紧密结合社会需求实际，重点突出技能、技巧和方法的练习，突出内容的创新性及实践指导性。三是教材体系创新。打破传统教材的老模式，建立理论与实践相结合的新体系："一条主线"（基本素质和应用能力培养）、"两个重点"（理论体系和实践体系）、"三大结构"（知识、能力和素质）。

　　该教材符合学校教学改革的总体精神，反映和体现了学校在教学改革中取得的最新成果，具有较强的教学实用性，按照培养应用型人才的要求合理取材，简明易懂，深入浅出，有启发性，学生能够比较轻松地掌握较深的专业理论知识。在夯实学生理论基础的同时，注重培养学生的创新思维，有意识地培养学生分析问题和解决问题的能力。

　　敬请广大读者提出宝贵意见！

烟台南山学院

二〇一一年五月

前　言

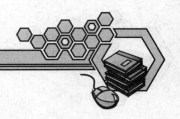

　　本书是根据高等职业技术教育的培养目标和"金工实训"课程的教学大纲要求编写的，共分 7 章。第 1 章介绍的是金工实训基本知识，第 2 章介绍的是钳工的基本操作，第 3 章介绍的是车削加工的基本操作，第 4 章介绍的是铣削加工的基本操作，第 5 章介绍的是刨削加工的基本操作，第 6 章介绍的是焊接技术，第 7 章介绍的是数控电火花切割加工和电火花成形加工两种特种加工技术。

　　本教材注重以传统工艺为基础，编入了一些现代加工工艺，更好地反映了近年来先进的材料成形工艺及数控机械加工工艺的技术应用，并为指导学生按照国家职业技能鉴定规范进行相应岗位中的等级考证，提供了应掌握的理论知识和操作技能。教材体现了基础理论知识够用的原则，侧重技能训练和实际操作能力的培养。在内容上以工艺为主线，注重理论教学与实践教学的密切结合，遵循"懂工艺、能动手"的原则，以"认识各类工具，了解工艺过程，强化具体操作"为重点。强调可操作性和图文并茂，便于自学，为初学者从建立感性认识、熟练操作到综合应用，提供一整套学习方案，有利于将来从业后能迅速适应工作。

　　本书既可作为高职高专院校机械工程及自动化、机电一体化、自动化、电气工程及其自动化、汽车技术、模具制造技术专业"金工实训"课程的教学用书，也可供有关院校师生和从事有关机械制造等专业的工程技术人员参考使用。

　　本书由烟台南山学院张涛、顾伟强任主编，烟台南山学院周天胜、王基全、李朋参加编写。其中第 1 章、第 7 章由张涛编写，第 3 章、第 5 章由顾伟强编写，第 4 章由周天胜编写，第 2 章由王基全编写，第 6 章由李朋编写。全书由顾伟强整理、统稿。

　　本书在编写过程中得到众多专家和同行的大力支持和热情帮助，并提出许多建议，在此一并表示衷心的感谢。

　　限于编者水平，书中难免有不完善和疏忽之处，希望广大读者批评指正。

编　者

2011 年 4 月

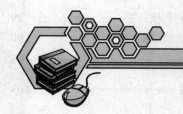

目 录

第 1 章 金工实训基本知识 ……………… 1

1.1 "金工实训"课程简介 …………… 2
 1.1.1 金工实训的目的和要求 ……… 2
 1.1.2 实习安全技术 ………………… 3
1.2 常用量具 ………………………… 3
 1.2.1 常用量具及其使用方法 ……… 3
 1.2.2 量具维护与保养 ……………… 9

第 2 章 钳工 …………………………… 10

2.1 钳工概述 ………………………… 11
 2.1.1 钳工的加工特点 ……………… 11
 2.1.2 钳工常用的设备和工具 ……… 11
2.2 划线、锯削和锉削 ……………… 12
 2.2.1 划线 …………………………… 12
 2.2.2 锯削 …………………………… 16
 2.2.3 锉削 …………………………… 17
2.3 钻孔、扩孔和铰孔 ……………… 20
 2.3.1 钻孔 …………………………… 20
 2.3.2 扩孔和铰孔 …………………… 22
2.4 攻螺纹和套螺纹 ………………… 23
 2.4.1 攻螺纹 ………………………… 23
 2.4.2 套螺纹 ………………………… 25
2.5 装配 ……………………………… 26
 2.5.1 装配概述 ……………………… 26
 2.5.2 典型连接件装配方法 ………… 28
 2.5.3 部件装配和总装配 …………… 30
习题 ……………………………………… 31

第 3 章 车削加工 ……………………… 33

3.1 车削加工概述 …………………… 34
3.2 卧式车床 ………………………… 35
 3.2.1 机床的型号 …………………… 35

3.2.2 卧式车床的结构 ……………… 36
 3.2.3 卧式车床的传动系统 ………… 38
 3.2.4 卧式车床的各种手柄和基本
   操作 …………………………… 40
3.3 车刀 ……………………………… 41
 3.3.1 车刀的结构 …………………… 41
 3.3.2 刀具材料 ……………………… 41
 3.3.3 车刀组成及车刀角度 ………… 42
 3.3.4 车刀的刃磨 …………………… 45
 3.3.5 车刀的安装 …………………… 46
3.4 车外圆、端面和台阶 …………… 47
 3.4.1 三爪自定心卡盘安装工件 …… 47
 3.4.2 车外圆 ………………………… 48
 3.4.3 车端面 ………………………… 50
 3.4.4 车台阶 ………………………… 51
3.5 切槽、切断、车成形面和
  滚花 ……………………………… 52
 3.5.1 切槽 …………………………… 52
 3.5.2 切断 …………………………… 53
 3.5.3 车成形面 ……………………… 54
 3.5.4 滚花 …………………………… 55
3.6 车圆锥面 ………………………… 55
 3.6.1 宽刀法 ………………………… 56
 3.6.2 转动小刀架法 ………………… 56
 3.6.3 偏移尾座法 …………………… 56
 3.6.4 靠模法 ………………………… 57
3.7 孔加工 …………………………… 58
 3.7.1 钻孔 …………………………… 58
 3.7.2 镗孔 …………………………… 59
 3.7.3 车内孔时的质量分析 ………… 59
3.8 车螺纹 …………………………… 59
 3.8.1 普通三角螺纹的基本牙形 …… 60
 3.8.2 车削外螺纹的方法与步骤 …… 60

3.8.3 螺纹车削注意事项 ············ 61
3.8.4 车外螺纹的质量分析 ········· 62
3.9 车床附件及其使用方法 ········· 63
3.9.1 用四爪单动卡盘安装工件 ····· 63
3.9.2 用顶尖安装工件 ············· 63
3.9.3 用心轴安装工件 ············· 64
3.9.4 中心架和跟刀架的使用 ······· 65
3.9.5 用花盘、弯板及压板、螺栓
安装工件 ················· 66
3.10 零件车削工艺 ·············· 67
习题 ·························· 69

第4章 铣削加工 ·················· 71
4.1 铣工概述 ·················· 71
4.2 铣床 ····················· 75
4.2.1 万能卧式铣床 ·············· 75
4.2.2 升降台铣床及龙门铣床 ······· 76
4.3 铣刀及其安装 ·············· 77
4.3.1 铣刀 ····················· 77
4.3.2 铣刀的安装 ················ 78
4.4 铣床附件及工件安装 ········· 79
4.4.1 铣床附件及其应用 ··········· 79
4.4.2 工件的安装 ················ 82
4.5 铣削的基本操作 ············ 83
4.5.1 铣平面 ··················· 83
4.5.2 铣斜面 ··················· 85
4.5.3 铣键槽 ··················· 86
4.5.4 铣成形面 ················· 87
4.5.5 铣齿形 ··················· 87
习题 ·························· 89

第5章 刨削加工 ·················· 91
5.1 刨削加工概述 ·············· 92
5.1.1 刨削加工的特点 ············ 92
5.1.2 刨削加工范围 ·············· 92
5.2 刨床 ····················· 93
5.2.1 牛头刨床 ················· 93
5.2.2 龙门刨床 ················· 96
5.3 刨刀及其安装 ·············· 97
5.4 刨削的基本操作 ············ 98
5.4.1 刨平面 ··················· 98

5.4.2 刨沟槽 ··················· 99
5.4.3 刨成形面 ················· 100
习题 ························· 101

第6章 焊接 ····················· 103
6.1 焊接概述 ················· 104
6.2 电弧焊 ··················· 106
6.2.1 焊接电弧 ················· 106
6.2.2 焊条电弧焊 ··············· 107
6.2.3 焊接设备 ················· 111
6.2.4 常用电弧焊方法 ············ 113
6.3 其他焊接方法 ············· 116
6.4 焊接缺陷 ················· 118
习题 ························· 121

第7章 特种加工技术 ············· 123
7.1 数控电火花线切割加工 ······· 123
7.1.1 数控电火花线切割加工机床的
分类与组成 ·············· 124
7.1.2 数控电火花线切割的加工
工艺与工装 ·············· 125
7.1.3 数控电火花线切割机床的
操作 ··················· 128
7.1.4 数控电火花线切割加工实例 ··· 136
7.2 电火花成形加工 ············ 138
7.2.1 电火花成形加工的原理 ······ 138
7.2.2 电火花成形加工的特点及
应用范围 ················ 140
7.2.3 电火花成形加工的局限性 ····· 140
7.2.4 电火花成形加工在模具制造
业中的应用 ·············· 141
习题 ························· 142

附录1 钳工习题集 ············· 144

附录2 车工习题集 ············· 156

附录3 焊接习题集 ············· 166

参考文献 ····················· 174

第1章

金工实训基本知识

【学习指南】

1. 了解金工实训的目的及要求。
2. 掌握金属材料的分类、用途及力学性能指标。
3. 掌握常用量具的应用范围及使用方法。

本章重点：常用量具的使用方法。

本章难点：常用金属材料的牌号、用途及性能指标。

相关链接

　　人类成为"现代人"的标志就是制造工具。石器时代的各种石斧、石锤和木质、皮质的简单粗糙的工具是后来出现的机械的先驱。人类从制造简单工具演进到制造由多个零件、部件组成的现代机械，经历了漫长的过程。

　　人类从石器时代进入青铜时代，再进而到铁器时代，用以吹旺炉火的鼓风器的发展起了重要作用。有足够强大的鼓风器，才能使冶金炉获得足够高的炉温，从矿石中炼得金属。在中国，公元前1000～前900年就已有了冶铸用的鼓风器，并逐渐从人力鼓风发展到畜力和水力鼓风。

　　机械工程通过不断扩大的实践，从分散性的、主要依赖匠师们个人才智和手艺的一种技艺，逐渐发展成为一门有理论指导的、系统的和独立的工程技术。机械工程是促成18～19世纪的工业革命，以及资本主义机械大生产的主要技术因素。

　　工业革命以前，机械大都是木结构的，由木工用手工制成。金属（主要是铜、铁）仅用以制造仪器、锁、钟表、泵和木结构机械上的小型零件。金属加工主要靠机匠的精工细作，以达到需要的精度。蒸汽机动力装置的推广，以及随之出现的矿山、冶金、轮船、机车等大型机械的发展，需要成形加工和切削加工的金属零件越来越多、越来越大，要求的精度也越来越高。应用的金属材料从铜、铁发展到以钢为主。

机械加工包括锻造、钣金工、焊接、热处理等技术及其装备，以及切削加工技术和机床、刀具、量具等，机械加工行业的迅速发展，保证了各产业发展生产所需的机械装备的供应。

20 世纪初期，福特公司在汽车制造上创造了流水装配线。大量生产技术的应用以及泰勒在 19 世纪末创立的科学管理方法的推广，使汽车和其他大批量生产的机械产品的生产效率很快达到了过去无法想象的高度。

20 世纪中、后期，机械加工的主要特点是：不断提高机床的加工速度和精度，减少对手工技艺的依赖；提高成形加工、切削加工和装配的机械化和自动化程度；利用数控机床、加工中心、成组技术等，发展柔性加工系统，使中小批量、多品种生产的生产效率提高到近于大量生产的水平；研究和改进难加工的新型金属和非金属材料的成形和切削加工技术。

1.1 "金工实训" 课程简介

1.1.1 金工实训的目的和要求

金工实训（也称基本工艺训练）是学生进行工程训练、培养工程意识、学习工艺知识、提高工程实践能力的重要的实践性教学环节。技术基础课是学生学习机械制造系列课程必不可少的先修课程，也是建立机械制造生产过程的概念、获得机械制造基础知识的奠基课程和必修课程。其目的如下。

① 建立对机械制造生产基本过程的感性认识，学习机械制造的基础工艺知识，了解机械制造生产的主要设备。在实训中，学生要学习机械制造的各种的主要加工方法及其所用的主要设备的基本结构、工作原理和操作方法，并正确使用各类工具、夹具、量具，熟悉各种加工方法、工艺技术、图样文件和安全技术，了解加工工艺过程和工程术语，使学生对工程问题从感性认识上升到理性认识。这些实践知识将为以后学习有关专业技术基础课、专业课及毕业设计等打下良好的基础。

② 培养实践动手能力，进行的基本训练。学生通过直接参加生产实践，操作各种设备，使用各类工具、夹具、量具，独立完成简单零件的加工制造全过程，培养学生对简单零件具有初步选择加工方法和分析工艺过程的能力，并具有操作主要设备和加工作业的技能，初步奠定技能型、应用型人才应具备的基础知识和基本技能。

③ 全面开展素质教育，树立实践观点、劳动观点和团队协作观点，培养高质量人才。工程实践与训练一般在学校工程培训中心的现场进行。实训现场不同于教室，它是生产、教学、科研三结合的基地，教学内容丰富，实习环境多变，接触面广。这样一个特定的教学环境正是对学生进行思想作风教育的好场所、好时机。

本课程的主要要求如下。

① 使学生掌握现代制造的一般过程和基本知识，熟悉机械零件的常用加工方法及其所用的主要设备和工具，了解新工艺、新技术、新材料在现代机械制造中的应用。

② 使学生对简单零件初步具有选择加工方法和进行工艺分析的能力，在主要工种方面应能独立完成简单零件的加工制造并培养一定的工艺试验和工程实践能力。

③ 培养学生生产质量和经济观念以及理论联系实际、一丝不苟的科学作风、热爱劳动、热爱公物的基本素质。

金工实训的基本内容分为车、铣、刨、磨、钻、钳工、焊接、电火花线切割等工种。通过实际操作、现场教学、专题讲座、电化教学、综合训练、试验、参观、演示、实习报告或作业以及考核等方式和手段，丰富教学内容，完成实践教学任务。

1.1.2　实习安全技术

在实习劳动中要进行各种操作，制作各种不同规格的零件，因此常要开动各种生产设备，接触到焊机、机床、砂轮机等。为了避免触电、机械伤害、爆炸、烫伤和中毒等工伤事故，实习人员必须严格遵守工艺操作规程。只有施行文明生产实习，才能确保实习人员的安全和保障。

① 实习中做到专心听讲，仔细观察，做好笔记，尊重各位指导老师，独立操作，努力完成各项实习作业。

② 严格执行安全制度，进车间必须穿好工作服。女生戴好工作帽，将长发放入帽内，不得穿高跟鞋、凉鞋。

③ 机床操作时不准戴手套，严禁身体、衣袖与转动部位接触；正确使用砂轮机，严格按安全规程操作，注意人身安全。

④ 遵守设备操作规程，爱护设备，未经教师允许不得随意乱动车间设备，特别是在设备运转过程中，严禁用手触摸旋转部件或变挡，更不准在其他同学操作时，乱动开关或刀闸，以免发生意外伤害事故。

⑤ 遵守劳动纪律，不迟到，不早退，不打闹，不串车间，不随地而坐，不擅离工作岗位，更不能到车间外玩，有事请假。

⑥ 交接班时认真清点工、夹、量具，做好保养、保管，如有损坏、丢失按价赔偿。

⑦ 每天下班擦拭机床，清整用具、工件，打扫工作场地，保持环境卫生。

⑧ 爱护公物，节约材料、水、电，不踩踏花木、绿地。

⑨ 二人或二人以上同在一台机床上进行工作时，必须分工明确，彼此照顾。特别在开动机床时，操作者必须向他人声明。

1.2　常用量具

在工艺过程中，必须应用一定精度的量具来测量和检验各种零件尺寸、形状和位置精度。

1.2.1　常用量具及其使用方法

1. 钢直尺

钢直尺是最简单的长度量具，用不锈钢片制成，可直接用来测工件尺寸，如图 1-1 所示。它的测量长度规格有 150mm、200mm、300mm、500mm 几种。测量工件的外径和内径尺寸时，常与卡钳配合使用。测量精度一般只能达到 0.2～0.5mm。

图 1-1　钢直尺

2. 卡钳

卡钳是一种间接度量工具，常与钢直尺配合使用，用来测量工件的外径和内径。卡钳分内卡钳和外卡钳两种，如图 1-2 所示。其使用方法如图 1-3 所示。

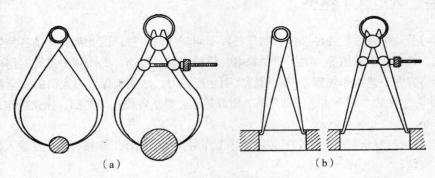

（a）　　　　　　　　　　　　　　（b）

图 1-2　内卡钳和外卡钳

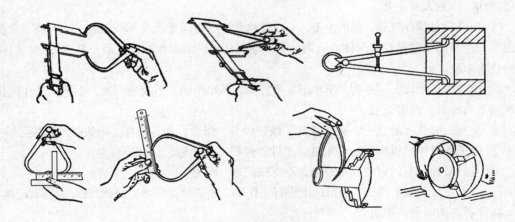

图 1-3　内卡钳和外卡钳的使用方法

3. 游标卡尺

游标卡尺是一种中等精度的量具，可直接测量工件的外径、内径、长度、宽度和深度等尺寸。按用途不同，游标卡尺可分为：普通游标卡尺、电子数显卡尺、带表卡尺、游标深度尺、游标高度尺等几种。游标卡尺的分度值有 0.02mm、0.05mm、0.1mm 三种，测量范围有 0～125mm、0～150mm、0～200mm、0～300mm 等。

图 1-4 所示为一普通游标卡尺，它主要由尺身和游标组成，尺身上刻有以 1mm 为一格间距的刻度，并刻有尺寸数字，其刻度全长即为游标卡尺的规格。

游标上的刻度间距，随测量精度而定。现以分度值为 0.02mm 的游标卡尺的刻线原理和读数方法为例简介如下。

尺身一格为 1mm，游标一格为 0.98mm，共 50 格。尺身和游标每格之差为 1−0.98=0.02mm，如图 1-5 所示。读数方法是游标零位指示的尺身整数，加上游标刻线与尺身线重合处的游标刻线乘以精度值之和：$23 + 12 \times 0.02 = 23.24$mm，如图 1-6 所示。

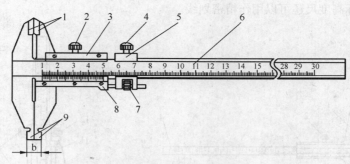

图 1-4　游标卡尺的结构

1—上量爪　2、4—紧固螺钉　3—游标　5—微调装置　6—尺身　7—微调螺母　8—螺杆　9—下量爪

图 1-5　0.02mm 游标卡尺的刻线原理

图 1-6　0.02mm 游标卡尺的读书方法

用游标卡尺测量工件的方法如图 1-7 所示，使用时应注意下列事项。

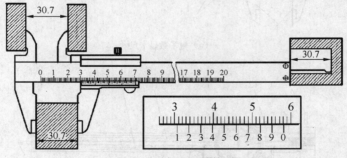

图 1-7　游标卡尺的使用

（1）检查零线

使用前应首先检查量具是否在检定周期内，然后擦净卡尺，使量爪闭合，检查尺身与游标的零线是否对齐。若未对其，则在测量后应根据原始误差修正读数值。

（2）放正卡尺

测量内外圆直径时，尺身应垂直于轴线；测量内外孔直径时，应使两量爪处于直径处。

（3）用力适当

测量时应使量爪逐渐与工件被测量表面靠近，最后达到轻微接触，不能把量爪用力抵紧工件，以免变形和磨损，影响测量精度。读数时为防止游标移动，可锁紧游标；视线应垂直于尺身。

（4）勿测毛坯面

游标卡尺仅用于测量已加工的表面。图 1-8 所示为游标深度尺和游标高度尺，分别用于测量

深度和高度。游标高度尺还可以用作精密划线。

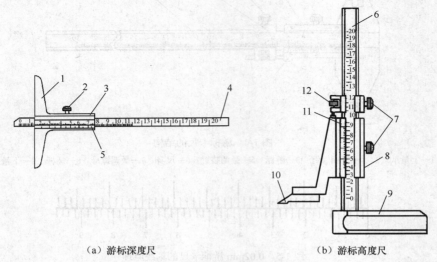

（a）游标深度尺　　　　　　　　　（b）游标高度尺

图1-8　游标深度尺和游标高度尺

1、9—测量基座　2、7—紧固螺钉　3、8—尺框；4-尺身　5、11—游标　6—主尺　10—量爪　12—微动装置

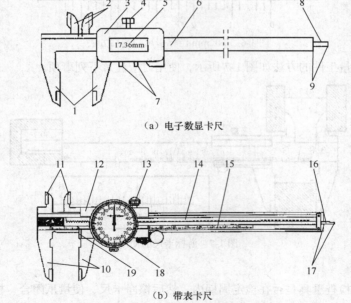

（a）电子数显卡尺

（b）带表卡尺

图1-9　电子数显卡尺和带表卡尺

1、10—外量爪　2、11—刀口内量爪　3、12—尺框　4、13—固定螺钉　5—数字显示器　6、14—尺身　7—功能按钮
8、16—深度测量杆　9、17—深度测量面　18—圆标尺　15—主标尺

4. 千分尺

千分尺（又称分厘卡）是一种比游标卡尺更精密的量具，测量精度为0.01mm，测量范围有0～25mm、25～50mm、50～75mm等。常用的千分尺分为外径千分尺和内径千分尺，外径千分尺的构造如图1-10所示。

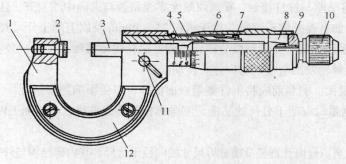

图 1-10　0~25mm 外径千分尺

1—尺架　2—固定测砧　3—测微螺杆　4—螺纹轴套　5—固定刻度套筒　6—微分筒
7—调节螺母　8—接头　9—垫片　10—测力装置　11—锁紧螺钉　12—绝热板

　　图 1-10 中的零件 3~9 是千分尺的测微头部分。带有刻度的固定刻度套筒 5 用螺钉固定在螺纹轴套 4 上，而螺纹轴套又与尺架紧配结合成一体。在固定套筒 5 的外面有一带刻度的活动微分筒 6，它用锥孔通过接头 8 的外圆锥面再与测微螺杆 3 相连。测微螺杆 3 的一端是测量杆，并与螺纹轴套上的内孔定心间隙配合；中间是精度很高的外螺纹，与螺纹轴套 4 上的内螺纹精密配合，可使测微螺杆自如旋转而其间隙极小；测微螺杆另一端的外圆锥与内圆锥接头 8 的内圆锥相配，并通过顶端的内螺纹与测力装置 10 连接。当测力装置的外螺纹旋紧在测微螺杆的内螺纹上时，测力装置就通过垫片 9 紧压接头 8，而接头 8 上开有轴向槽，有一定的胀缩弹性，能沿着测微螺杆 3 上的外圆锥胀大，从而使微分筒 6 与测微螺杆和测力装置结合成一体。当我们用手旋转测力装置 10 时，就带动测微螺杆 3 和微分筒 6 一起旋转，并沿着精密螺纹的螺旋线方向运动，使千分尺两个测量面之间的距离发生变化。

　　千分尺的读数机构由固定套管和微分筒组成（见图 1-11），固定套管在轴线方向上有一条中线，中线上、下方都有刻线，相互错开 0.5mm；在微分筒左侧锥形圆周上有 50 等分的刻度线。因测微螺杆的螺距为 0.5mm，即螺杆转一周，同时轴向移动 0.5mm，故微分筒上每一小格的读数为 0.5/50 = 0.01mm，所以千分尺的测量精度为 0.01mm。测量时，读数方法分三步。

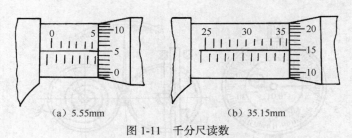

（a）5.55mm　　　　　　　　　　（b）35.15mm

图 1-11　千分尺读数

　　① 先读出固定套管上露出刻线的整毫米数和半毫米数（0.5mm），注意看清露出的是上方刻线还是下方刻线，以免错读 0.5mm。

　　② 看准微分筒上哪一格与固定套管纵向刻线对准，将刻线的序号乘以 0.01mm，即为小数部分的数值。

　　③ 上述两部分读数相加，即为被测工件的尺寸。

　　使用千分尺应注意以下事项。

① 校对零点。将砧座与螺杆接触，看圆周刻度零线是否与纵向中线对齐，且微分筒左侧棱边与尺身的零线重合，如有误差修正读数。对于量程 25～50mm 及以上的千分尺要用校正杆。

② 合理操作。手握尺架，先转动微分筒，当测量螺杆快要接触工件时，必须使用端部棘轮，严禁再拧微分筒。当棘轮发出嗒嗒声时应停止转动。

③ 擦净工件测量面。测量前应将工件测量表面擦净，以免影响测量精度。

④ 不偏不斜。测量时应使千分尺的砧座与测微螺杆两侧面准确放在被测工件的直径处，不能偏斜。

图 1-12 所示是用来测量内孔直径及槽宽等尺寸的内径千分尺，其内部结构与外径千分尺相同。

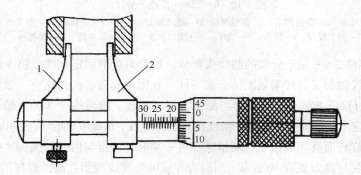

图 1-12　内径千分尺
1—尺框　2—内外量爪

5. 百分表

百分表是一种指示量具，主要用于校正工件的装夹位置、检查工件的形状和位置误差及测量工件内径等。百分表的刻度值为 0.01mm，刻度值为 0.001mm 的叫千分表。

钟面式百分表的结构原理如图 1-13 所示。当测量杆 1 向上或向下移动 1 mm 时，通过齿轮传动系统带动大指针 5 转一圈，小指针 7 转一格。刻度盘在圆周上有 100 个等分格，每格的读数值为 0.01mm，小指针每格读数为 1 mm。测量时指针读数的变动量即为尺寸变化量。小指针处的刻度范围为百分表的测量范围。钟面式百分表装在专用的表架上使用（见图 1-14）。

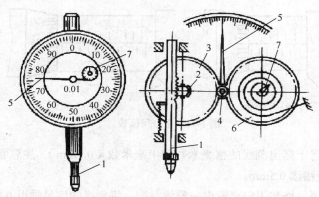

图 1-13　钟面式百分表的结构
1—测量杆　2、4—小齿轮　3、6—大齿轮　5—大指针　7—小指针

图 1-15 所示为杠杆式百分表，图 1-16 所示为测量内孔尺寸的内径百分表。

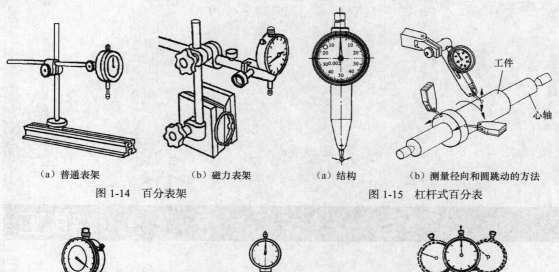

<table>
<tr><td>（a）普通表架</td><td>（b）磁力表架</td><td>（a）结构</td><td>（b）测量径向和圆跳动的方法</td></tr>
</table>

图 1-14　百分表架　　　　　　　　　　图 1-15　杠杆式百分表

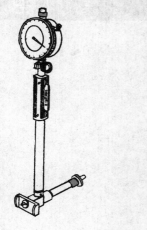
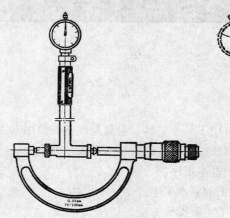
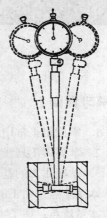

图 1-16　内径百分表

1.2.2　量具维护与保养

量具是用来测量工件尺寸的工具，在使用过程中应加以精心的维护与保养，才能保证零件测量精度，延长量具的使用寿命。因此，必须做到以下几点。

① 在使用前应擦干净，用完后必须擦拭干净、涂油并放入专用量具盒内。

② 不能随便乱放、乱扔，应放在规定的地方。

③ 不能用精密量具去测量毛坯尺寸、运动着的工件或温度过高的工件，测量时用力应适当，不能过猛、过大。

④ 量具如有问题，不能私自拆卸修理，应由实习指导教师处理。精密量具必须定期送计量部门鉴定。

第2章

钳工

【学习指南】

1. 掌握钳工常用工具、夹具、量具及设备的使用方法。
2. 掌握钳工划线、锯削、锉削等主要操作方法。
3. 掌握钳工的基本工序。

本章重点：钳工的基本工序。

本章难点：钳工主要操作方法。

❖相关链接❖

在中国，早在商代中期（公元前 13 世纪），就已能用研磨的方法加工铜镜；商代晚期（公元前 12 世纪），曾用青铜钻头在卜骨上钻孔；西汉时期（公元前 206 年～23 年），就已使用杆钻和管钻，用加砂研磨的方法在"金缕玉衣"的 4000 多块坚硬的玉片上，钻了 18000 多个直径为 1～2mm 的孔。

20 世纪七八十年代，机械工人常说：车工怕车杆，刨工怕刨板，焊工怕焊管，钳工怕打眼。钳工是工厂中最难的工种，钳工中最高的是八级钳工，当时八级钳工的工资最低也有 80 多元，最高达 140 多元，不但比一般的大学毕业生工资高，甚至比一个处级领导的工资还要高。

钳工是一门历史悠久的技术，切削加工、机械装配和修理作业中的手工作业，因常在钳工台上用台虎钳夹持工件操作而得名。钳工作业主要包括錾削、锉削、锯削、划线、钻削、铰削、攻螺纹和套螺纹、刮削、研磨、矫正、弯曲和铆接等。钳工是机械制造中最古老的金属加工技术。19 世纪以后，各种机床的发展和普及，虽然逐步使大部分钳工作业实现了机械化和自动化，但在机械制造过程中钳工仍是广泛应用的基本技术，其原因如下。

① 划线、刮削、研磨和机械装配等钳工作业，至今尚无适当的机械化设备可以全部代替。

② 某些最精密的样板、模具、量具和配合表面（如导轨面和轴瓦等），仍需要依靠工人作手工精密加工。

③ 在单件小批生产、修配工作或缺乏设备条件的情况下，采用钳工制造某些零件仍是一种经济实用的方法。

钳工作业的质量和效率在很大程度上决定于操作者的技艺和熟练程度。可见钳工在机械制造中的地位，所以掌握钳工的技术要点对机械制造来说非常的重要。钳工按专业性质又分为普通钳工、划线钳工、模具钳工、刮研钳工、装配钳工、机修钳工和管子钳工等。

2.1　钳工概述

钳工基本操作包括划线、錾削、锯削、锉削、钻孔、扩孔、锪孔、铰孔、攻螺纹、套螺纹、装配、刮削、研磨、矫正和弯曲、铆接、粘接、测量以及作标记等。

钳工的工作范围如下。

① 用钳工工具进行修配及小批量零件的加工。

② 精度较高的样板及模具的制作。

③ 整机产品的装配和调试。

④ 机器设备（或产品）使用中的调试和维修。

2.1.1　钳工的加工特点

钳工是一个技术工艺比较复杂、加工程序细致、工艺要求高的工种。它具有使用工具简单、加工产品多样灵活、操纵方便和适应面广等特点。目前虽然有各种先进的加工方法，但很多工作仍然需要钳工来完成，钳工在保证产品质量中起重要作用。

2.1.2　钳工常用的设备和工具

钳工常用的设备有钳工工作台、台虎钳、砂轮机、钻床、手电钻等。常用的手用工具有划线盘、錾子、手锯、锉刀、刮刀、扳手、螺钉旋具、锤子等。

1. 钳工工作台

钳工工作台简称钳台，用于安装台虎钳，进行钳工操作。有单人使用和多人使用的两种，用硬质木材或钢材做成。工作台要求平稳、结实，台面高度一般以装上台虎钳后钳口高度恰好与人手肘齐平为宜，如图 2-1 所示。

2. 台虎钳

台虎钳是钳工最常用的一种夹持工具。錾削、锯削、锉削以及许多其他钳工操作都是在台虎钳上进行的。

钳工常用的台虎钳有固定式和回转式两种。

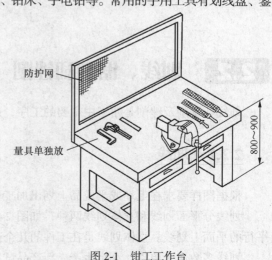

防护网

量具单独放

800～900

图 2-1　钳工工作台

11

图 2-2 所示为回转式台虎钳的结构图。台虎钳主体是用铸铁制成，由固定部分和活动部分组成。台虎钳固定部分由转盘锁紧螺钉固定在转盘座上，转盘座内装有夹紧盘，放松转盘锁紧手柄，固定部分就可以在转盘座上转动，以变更台虎钳方向。转盘座用螺钉固定在钳台上。连接手柄的螺杆穿过活动部分旋入固定部分上的螺母内。扳动手柄使螺杆从螺母中旋出或旋进，从而带动活动部分移动，使钳口张开或合拢，以放松或夹紧零件。

为了延长台虎钳的使用寿命，台虎钳上端咬口处用螺钉紧固着两块经过淬硬的钢质钳口。钳口的工作面上有斜形齿纹，使零件夹紧时不致滑动。夹持零件的精加工表面时，应在钳口和零件间垫上纯铜皮或铝皮等软材料制成的护口片（俗称软钳口），以免夹坏零件表面。

台虎钳的规格以钳口的宽度来表示，一般为 100～150mm。

3. 钻床

钻床是用于孔加工的一种机械设备，它的规格用可加工孔的最大直径表示，其品种、规格颇多。其中最常用是台式钻床（台钻），如图 2-3 所示。这类钻床小型轻便，安装在台面上使用，操作方便且转速高，适于加工中、小型零件上直径在 16 mm 以下的小孔。

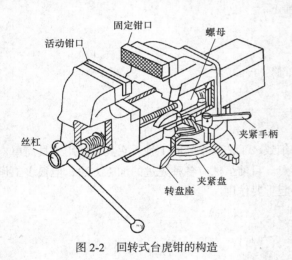

图 2-2   回转式台虎钳的构造

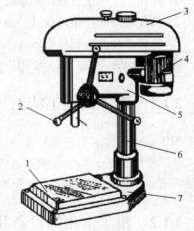

图 2-3   台式钻床

1—工作台 2—进给手柄 3—主轴 4—带罩
5—电动机 6—主轴架 7—立柱

2.2   划线、锯削和锉削

划线、锯削及锉削是钳工中主要的工序，是机器维修装配时不可缺少的钳工基本操作。

2.2.1   划线

根据图样要求在毛坯或半成品上划出加工图形、加工界线或加工时找正用的辅助线称为划线。

划线分平面划线和立体划线两种，如图 2-4 所示。平面划线是在零件的一个平面或几个互相平行的平面上划线。立体划线是在工件的几个互相垂直或倾斜的平面上划线。

划线多数用于单件、小批生产，新产品试制和工、夹、模具制造。划线的精度较低；用划针划线的精度为 0.25～0.5 mm，用高度尺划线的精度为 0.1 mm 左右。

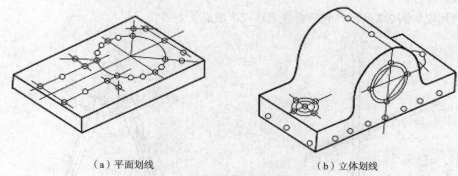

（a）平面划线　　　　　　　　　　（b）立体划线

图 2-4　划线的种类

划线的目的如下。

① 划出清晰的尺寸界线以及尺寸与基准间的相互关系，既便于零件在机床上找正、定位，又使机械加工有明确的标志。

② 检查毛坯的形状与尺寸，及时发现和剔除不合格的毛坯。

③ 通过对加工余量的合理调整分配（即划线"借料"的方法），使零件加工符合要求。

1. 划线工具

（1）划线平台

划线平台又称划线平板，用铸铁制成，它的上平面经过精刨或刮削，是划线的基准平面。

（2）划针、划线盘与划规

划针是在零件上直接划出线条的工具。如图 2-5 所示，由工具钢淬硬后将尖端磨锐或焊上硬质合金尖头。弯头划针可用于直线划针划不到的地方和找正零件。使用划针划线时必须使针尖紧贴钢直尺或样板。

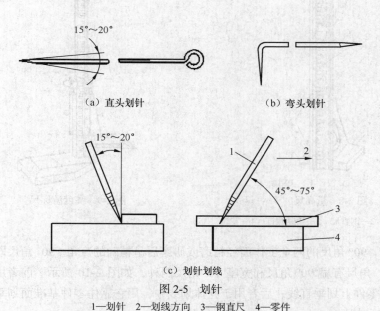

（a）直头划针　　　　　　　　（b）弯头划针

（c）划针划线

图 2-5　划针

1—划针　2—划线方向　3—钢直尺　4—零件

划线盘如图 2-6 所示，它的直针尖端焊上硬质合金，用来划与针盘平行的直线。另一端弯头针尖用于找正零件。

常用的划规如图 2-7 所示，它适合在毛坯或半成品上划圆。

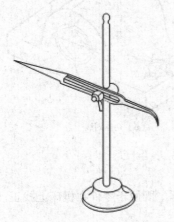 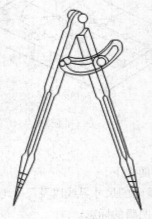

图 2-6　划线盘　　　　　　　　　　　　图 2-7　划规

（3）量高尺、高度游标尺与 90°角尺

① 量高尺。如图 2-8 所示，量高尺是用来校核划针盘划针高度的量具，其上的钢直尺零线紧贴平台。

② 高度游标尺。如图 2-9 所示，高度游标尺实际上是量高尺与划针盘的组合。划线脚与游标连成一体，前端镶有硬质合金，一般用于已加工面的划线。

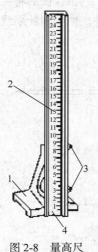 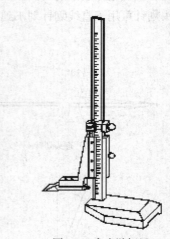

图 2-8　量高尺　　　　　　　　　　　　图 2-9　高度游标尺

1—底座　2—钢直尺　3—锁紧螺钉　4—零线

③ 90°角尺。90°角尺的两个工作面经精磨或研磨后呈精确的直角。90°角尺既是划线工具又是精密量具。90°角尺有扁 90°角尺和宽座 90°角尺两种，如图 2-10 所示。前者用于平面划线中在没有基准面的零件上划垂直线；后者用于立体划线中，用它靠住零件基准面划垂直线，或找正零件的垂直线或垂直面。

（4）支撑用的工具和样冲

① 方箱。如图 2-11 所示，方箱是用灰铸铁制成的空心长方体或立方体。它的 6 个面均经过精加工，相对的平面互相平行，相邻的平面互相垂直。方箱用于支撑划线的零件。

② V 形铁。如图 2-12 所示，V 形铁主要用于安放轴、套筒等圆形零件。一般 V 形铁都是两块一副，即平面与 V 形槽是在一次安装中加工的。V 形槽夹角为 90° 或 120° 。V 形铁也可当方箱使用。

已经划好的线

（a）扁 90° 角尺　　　　　　（b）宽座 90° 角尺

图 2-10　90° 角尺划线

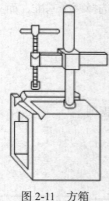

图 2-11　方箱

图 2-12　V 形铁

③ 千斤顶。如图 2-13 所示，常用于支撑毛坯或形状复杂的大零件划线。使用时，3 个一组顶起零件，调整顶杆的高度便能方便地找正零件。

④ 样冲。如图 2-14 所示，用工具钢制成并经淬硬。样冲用于在划好的线条上打出小而均匀的样冲眼，以免零件上已划好的线在搬运、装夹过程中因碰、擦而模糊不清，影响加工。

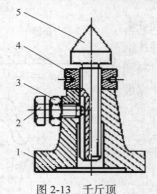

图 2-13　千斤顶

1—底座　2—导向螺钉　3—锁紧螺母

4—圆螺母　5—顶杆

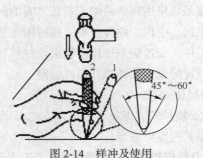

图 2-14　样冲及使用

1—对准位置　2—打样冲眼

2. 划线方法与步骤

（1）平面划线方法与步骤

平面划线的实质是平面几何作图问题。平面划线是用划线工具将图样按实物大小 1∶1 划到

零件上去的。

① 根据图样要求，选定划线基准。

② 对零件进行划线前的准备（清理、检查、涂色，在零件孔中装中心塞块等）。在零件上划线部位涂上一层薄而均匀的涂料（即涂色），使划出的线条清晰可见。零件不同，涂料也不同。一般在铸、锻毛坯件上涂石灰水，小的毛坯件上也可以用粉笔涂，钢铁半成品上一般涂龙胆紫（也称"兰油"）或硫酸铜溶液，铝、铜等有色金属半成品上涂龙胆紫或墨汁。

③ 划出加工界线（直线、圆及连接圆弧）。

④ 在划出的线上打样冲眼。

（2）立体划线方法与步骤

立体划线是平面划线的复合运用。它和平面划线有许多相同之处，如划线基准一经确定，其后的划线步骤大致相同。它们的不同之处在于一般平面划线应选择两个基准，而立体划线要选择三个基准。

2.2.2　锯削

用手锯把原材料和零件割开，或在其上锯出沟槽的操作叫锯削。

1. 手锯

手锯由锯弓和锯条组成。

① 锯弓。锯弓有固定式和可调式两种，如图 2-15 所示。

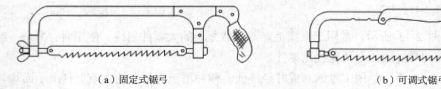

（a）固定式锯弓　　　　　（b）可调式锯弓

图 2-15　手锯

② 锯条。锯条一般用工具钢或合金钢制成，并经淬火和低温回火处理。锯条规格用锯条两端安装孔之间的距离表示，并按锯齿齿距分为粗齿、中齿、细齿三种。粗齿锯条适用锯削软材料和截面较大的零件。细齿锯条适用于锯削硬材料和薄壁零件。锯齿在制造时按一定的规律错开排列形成锯路。

2. 锯削操作要领

① 锯条安装。安装锯条时，锯齿方向必须朝前，如图 2-15 所示。锯条绷紧程度要适当。

② 握锯及锯削操作。一般握锯方法是右手握稳锯柄，左手轻扶弓架前端。锯削时站立位置如图 2-16 所示。锯削时推力和压力由右手控制，左手压力不要过大，主要应配合右手扶正锯弓，锯弓向前推出时加压力，回程时不加压力，在零件上轻轻滑过。锯削往复运动速度应控制在 40 次/分钟左右。

锯削时最好使锯条全部长度参加切削，一般锯弓的往返长度

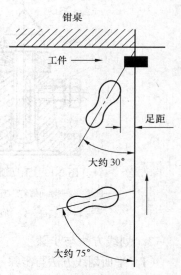

图 2-16　锯削时站立位置

不应小于锯条长度的 2/3。

③ 起锯。锯条开始切入零件称为起锯。起锯方式有近起锯和远起锯，如图 2-17 所示。起锯时要用左手拇指指甲挡住锯条，起锯角约为 15°。锯弓往复行程要短，压力要轻，锯条要与零件表面垂直，当起锯到槽深 2～3mm 时，起锯可结束，应逐渐将锯弓改至水平方向进行正常锯削。

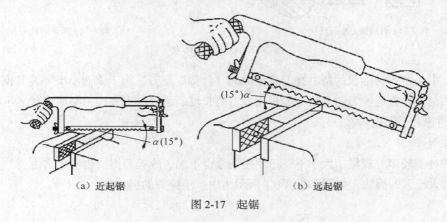

（a）近起锯　　　　　　　　　　　　　　（b）远起锯

图 2-17　起锯

2.2.3　锉削

用锉刀从零件表面锉掉多余的金属，使零件达到图样要求的尺寸、形状和表面粗糙度的操作叫锉削。锉削加工范围包括平面、台阶面、角度面、曲面、沟槽和各种形状的孔等。

1. 锉刀

锉刀是锉削的主要工具，锉刀用高碳钢（T12、T13）制成，并经热处理淬硬至 62～67HRC。锉刀的构造及各部分名称如图 2-18 所示。

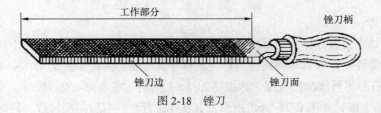

图 2-18　锉刀

锉刀分类如下。

① 按锉齿的大小分为粗齿锉、中齿锉、细齿锉和油光锉等。

② 按齿纹分为单齿纹和双齿纹。单齿纹锉刀的齿纹只有一个方向，与锉刀中心线的夹角为 70°，一般用于锉软金属，如铜、锡、铅等。双齿纹锉刀的齿纹有两个互相交错的排列方向，先加工上去的齿纹叫底齿纹，后加工上去的齿纹叫面齿纹。底齿纹与锉刀中心线成 45° 角，齿纹间距较疏；面齿纹与锉刀中心线成 65° 角，间距较密。由于底齿纹和面齿纹的角度不同，间距疏密不同，所以，锉削时锉痕不重叠，锉出来的表面平整而且光滑。

③ 按断面形状可分为普通锉刀和特种锉刀，如图 1-19 所示。普通锉刀可分成：板锉（平锉），用于锉平面、外圆面和凸圆弧面；方锉，用于锉平面和方孔；三角锉，用于锉平面、方孔及 60°以上的锐角；圆锉，用于锉圆和内弧面；半圆锉，用于锉平面、内弧面和大的圆孔。特种锉刀用

于加工各种零件的特殊表面。

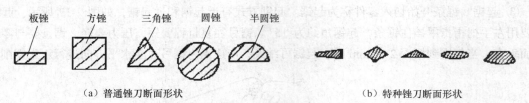

（a）普通锉刀断面形状　　　　　　　　　　　（b）特种锉刀断面形状

图 2-19　锉刀断面形状

另外，由多把各种形状的特种锉刀所组成的"什锦"锉刀，用于修锉小型零件及模具上难以机械加工的部位。普通锉刀的规格一般是用锉刀的长度、齿纹类别和锉刀断面形状表示的。

2. 锉削操作要领

（1）握锉

锉刀的种类较多，规格、大小不一，使用场合也不同，故锉刀握法也应随之改变。如图 2-20（a）所示为大锉刀的握法，如图 2-20（b）所示为中、小锉刀的握法。

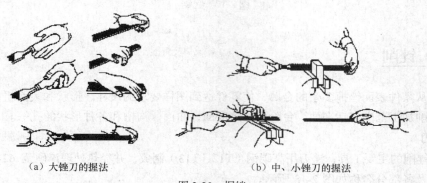

（a）大锉刀的握法　　　　　　　　　（b）中、小锉刀的握法

图 2-20　握锉

（2）锉削姿势

锉削时人的站立位置与锯削相似，如图 2-16 所示。锉削操作姿势如图 2-21 所示，身体重心放在左脚，右膝要伸直，双脚始终站稳不移动，靠左膝的屈伸而做往复运动。开始时，身体向前倾斜 10° 左右，右肘尽可能向后收缩，如图 2-21（a）所示。在最初 1/3 行程时，身体逐渐前倾至 15° 左右，左膝稍弯曲，如图 2-21（b）所示。其次 1/3 行程，右肘向前推进，同时身体也逐渐前倾到 18° 左右，如图 2-21（c）所示。最后 1/3 行程，用右手腕将锉刀推进，身体随锉刀向前推的同时自然后退到 15° 左右的位置上，如图 2-21（d）所示。锉削行程结束后，把锉刀略提起一些，身体姿势恢复到起始位置。

锉削过程中，两手用力也时刻在变化。开始时，左手压力大推力小，右手压力小推力大。随着推锉过程，左手压力逐渐减小，右手压力逐渐增大。锉刀回程时不加压力，以减少锉齿的磨损。锉刀往复运动速度一般为 30～40 次/分钟，推出时慢，回程时可快些。

3. 锉削方法

（1）平面锉削

锉削平面的方法有 3 种。顺向锉法如图 2-22（a）所示，交叉锉法如图 2-22（b）所示，推锉法如图 2-22（c）所示。锉削平面时，锉刀要按一定方向进行锉削，并在锉削回程时稍作平移，这样逐步将整个面锉平。

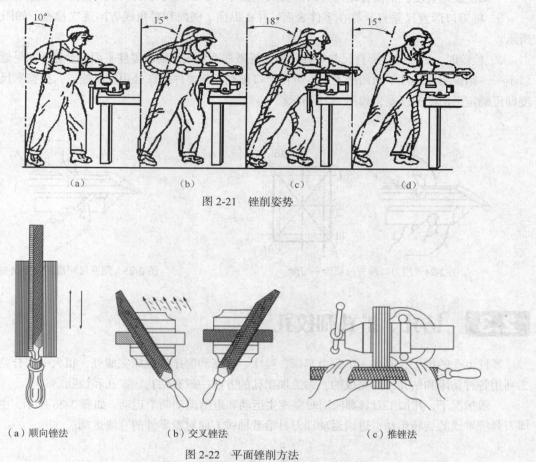

图 2-21　锉削姿势

（a）顺向锉法　　　（b）交叉锉法　　　（c）推锉法

图 2-22　平面锉削方法

（2）弧面锉削

外圆弧面一般可采用平锉进行锉削，常用的锉削方法有两种。顺锉法如图 2-23（a）所示，锉刀垂直于圆弧方向锉削，可锉成接近圆弧的多棱形（适用于曲面的粗加工）。滚锉法如图 2-23（b）所示，锉刀向前锉削时右手下压，左手随着上提，使锉刀在零件圆弧上做转动。

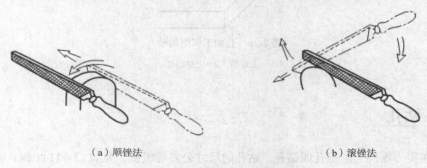

（a）顺锉法　　　　　　　　　　（b）滚锉法

图 2-23　圆弧面锉削方法

（3）检验工具及其使用

检验工具有刀口形直尺、90°角尺、游标角度尺等。刀口形直尺、90°角尺可检验零件的直线

度、平面度及垂直度。下面介绍用刀口形直尺检验零件平面度的方法。

　　① 将刀口形直尺垂直紧靠在零件表面，并在纵向、横向和对角线方向逐次检查，如图 2-24 所示。

　　② 检验时，如果刀口形直尺与零件平面透光微弱而均匀，则该零件平面度合格；如果透光强弱不一，则说明该零件平面凹凸不平。可在刀口形直尺与零件紧靠处用塞尺插入，根据塞尺的厚度即可确定平面度的误差，如图 2-25 所示。

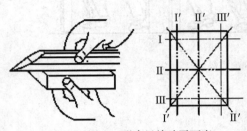
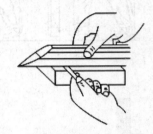

图 2-24　用刀口形直尺检验平面度　　　　图 2-25　用塞尺测量平面度误差值

2.3　钻孔、扩孔和铰孔

　　零件上孔的加工，除去一部分由车床、镗床、铣床和磨床等机床完成外，很大一部分是由钳工利用各种钻床和钻孔工具完成的。钳工加工孔的方法一般有钻孔、扩孔和铰孔。

　　一般情况下，孔加工刀具都应同时完成主运动和进给运动两个运动，如图 2-26 所示。主运动即刀具绕轴线的旋转运动；进给运动即刀具沿着轴线方向对着零件的直线运动。

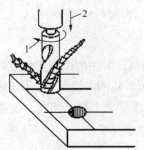

图 2-26　孔加工切削运动
1—主运动　2—进给运动

2.3.1　钻孔

　　用钻头在实心零件上加工孔叫钻孔。钻孔的尺寸公差等级低，为 IT12～IT11 级；表面粗糙度大，Ra 值为 50～12.5μm。

　　1. 标准麻花钻组成

麻花钻如图 2-27 所示，是钻孔的主要刀具。麻花钻用高速钢制成，工作部分经热处理淬硬至

62～65HRC。麻花钻由钻柄、颈部和工作部分组成。

① 钻柄。供装夹和传递动力用，钻柄形状有柱柄和锥柄两种：柱柄传递扭矩较小，用于直径 13 mm 以下的钻头；锥柄对中性好，传递扭矩较大，用于直径大于 13mm 的钻头。

② 颈部。颈部是磨削工作部分和钻柄时的退刀槽。钻头直径、材料、商标一般刻印在颈部。

③ 工作部分。它分成导向部分与切削部分。

导向部分依靠两条狭长的螺旋形的高出齿背 0.5～1mm 的棱边（刃带）起导向作用。它的直径前大后小，略有倒锥度。倒锥量为（0.03～0.12）mm/100mm，可以减少钻头与孔壁间的摩擦。导向部分经铣、磨或轧制形成两条对称的螺旋槽，用以排除切屑和输送切削液。

2. 零件装夹

如图 2-28 所示，钻孔时零件夹持方法与零件生产批量及孔的加工要求有关。生产批量较大或精度要求较高时，零件一般是用钻模来装夹的；单件小批生产或加工要求较低时，零件经划线确定孔中心位置后，多数装夹在通用夹具或工作台上钻孔。常用的附件有手虎钳、平口虎钳、V 形铁和压板螺钉等，这些工具的使用和零件形状及孔径大小有关。

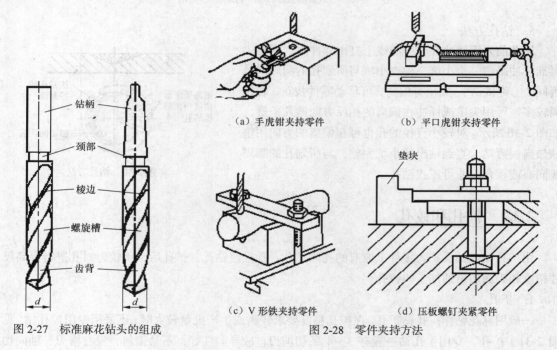

（a）手虎钳夹持零件　　　　　（b）平口虎钳夹持零件

（c）V 形铁夹持零件　　　　　（d）压板螺钉夹紧零件

图 2-27　标准麻花钻头的组成　　　　图 2-28　零件夹持方法

（钻柄、颈部、棱边、螺旋槽、齿背）

3. 钻头的装夹

钻头的装夹方法，按其柄部的形状不同而异。锥柄钻头可以直接装入钻床主轴锥孔内，较小的钻头可用过渡套筒安装，如图 2-29（a）所示。直柄钻头用钻夹头安装，如图 2-29（b）所示。钻夹头（或过渡套筒）的拆卸方法是将楔铁插入钻床主轴侧边的扁孔内，左手握住钻夹头，右手用锤子敲击楔铁卸下钻夹头，如图 2-29（c）所示。

4. 钻削用量

钻孔钻削用量包括钻头的钻削速度（m/min）或转速（r/min）和进给量（钻头每转一周沿轴向移动的距离）。钻削用量受到钻床功率、钻头强度、钻头耐用度和零件精度等许多因素的限制。因此，如何合理选择钻削用量直接关系到钻孔生产率、钻孔质量和钻头的寿命。选择钻削用量可以用查表方法，也可以考虑零件材料的软硬、孔径大小及精度要求，凭经验选定一个进给量。

（a）安装锥柄钻头　　　　　（b）钻夹头　　　　　（c）拆卸钻夹头

图 2-29　安装拆卸钻头

1—过渡锥度套筒　2—锥孔　3—钻床主轴　4—安装时将钻头向上推压

5—锥柄　6—紧固扳手　7—自动定心夹爪

5. 钻孔方法

钻孔前先用样冲在孔中心线上打出样冲眼，用钻尖对准样冲眼锪一个小坑，检查小坑与所划孔的圆周线是否同心（称试钻）。如稍有偏离，可移动零件找正，若偏离较多，可用尖凿或样冲在偏离的相反方向凿几条槽，如图 2-30 所示。对较小直径的孔也可在偏离的方向用垫铁垫高些再钻。直到钻出的小坑完整，与所划孔的圆周线同心或重合时才可正式钻孔。

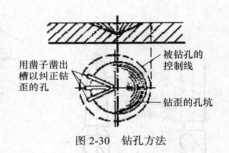

图 2-30　钻孔方法

2.3.2　扩孔和铰孔

用扩孔钻或钻头扩大零件上原有的孔叫扩孔。孔径经钻孔、扩孔后，用铰刀对孔进行提高尺寸精度和表面质量的加工叫铰孔。

1. 扩孔

一般用麻花钻作扩孔钻扩孔。在扩孔精度要求较高或生产批量较大时，还采用专用扩孔钻（见图 2-31）扩孔。专用扩孔钻一般有 3～4 条切削刃，故导向性好，不易偏斜，没有横刃，轴向切削力小，扩孔能得到较高的尺寸精度（可达 IT10～IT9 级）和较小的表面粗糙度（Ra 值为 6.3～3.2μm）。

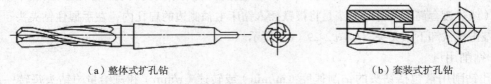

（a）整体式扩孔钻　　　　　　　　　　（b）套装式扩孔钻

图 2-31　专用扩孔钻

由于扩孔的工作条件比钻孔时好得多，故在相同直径情况下扩孔的进给量可比钻孔大 1.5～2

倍。扩孔钻削用量可查表，也可按经验选取。

2．铰孔

钳工常用手用铰刀进行铰孔，铰孔精度高（可达 IT8～IT6 级），表面粗糙度小（Ra 值为 1.6～0.4μm）。铰孔的加工余量较小，粗铰 0.15～0.5mm，精铰 0.05～0.25mm。钻孔、扩孔、铰孔时，要根据工作性质、零件材料，选用适当的切削液，以降低切削温度，提高加工质量。

① 铰刀。铰刀是孔的精加工刀具。铰刀分为机铰刀和手铰刀两种，机铰刀为锥柄，手铰刀为直柄。如图 2-32 所示为手铰刀。铰刀一般是制成两支一套的，其中一支为粗铰刀（它的刃上开有螺旋形分布的分屑槽），一支为精铰刀。

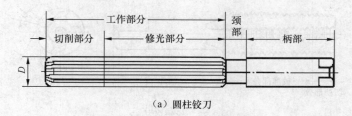

（a）圆柱铰刀

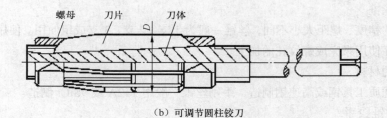

（b）可调节圆柱铰刀

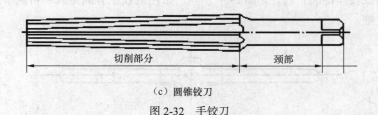

（c）圆锥铰刀

图 2-32　手铰刀

② 手铰孔方法。将铰刀插入孔内，两手握铰杠手柄，顺时针转动并稍加压力，使铰刀慢慢向孔内进给，注意两手用力要平衡，使铰刀铰削时始终保持与零件垂直。铰刀退出时，也应边顺时针转动边向外拔出。

2.4　攻螺纹和套螺纹

常用的管螺纹零件，除采用机械加工外，还可以用钳工攻螺纹和套螺纹的方法获得。

2.4.1　攻螺纹

攻螺纹是用丝锥加工出内螺纹。

1. 丝锥

（1）丝锥的结构

丝锥是加工小直径内螺纹的成形工具，如图 2-33 所示。它由切削部分、校准部分和柄部组成。切削部分磨出锥角，以便将切削负荷分配在几个刀齿上，校准部分有完整的齿形，用于校准已切出的螺纹，并引导丝锥沿轴向运动。柄部有方榫，便于装在铰手内传递扭矩。丝锥切削部分和校准部分一般沿轴向开有 3～4 条容屑槽以容纳切屑，并形成切削刃和前角 γ，切削部分的锥面上铲磨出后角 α。为了减少丝锥的校准部对零件材料的摩擦和挤压，它的外、中径均有倒锥度。

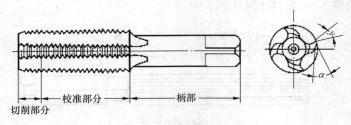

校准部分　柄部
切削部分

图 2-33　丝锥的构造

（2）成组丝锥

由于螺纹的精度、螺距大小不同，丝锥一般为 1 支、2 支、3 支成组使用。使用成组丝锥攻螺纹孔时，要顺序使用来完成螺纹孔的加工。

（3）丝锥的材料

常用高碳优质工具钢或高速钢制造，手用丝锥一般用 T12A 或 9SiCr 制造。

2. 手用丝锥铰手

丝锥铰手是扳转丝锥的工具，如图 2-34 所示。常用的铰手有固定式和可调节式，以便夹持各种不同尺寸的丝锥。

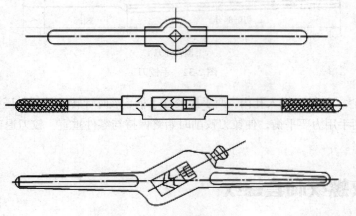

图 2-34　手用丝锥铰手

3. 攻螺纹方法

① 攻螺纹前的孔径 d（钻头直径）略大于螺纹底径。其选用丝锥尺寸可查表，也可按经验公式计算。对于攻普通螺纹，

加工钢料及塑性金属时：　　　　　$d = D - p$

加工铸铁及脆性金属时： $d=D-1.1p$

式中　D——螺纹基本尺寸；

　　　p——螺距。

若孔为不通孔，由于丝锥不能攻到底，所以钻孔深度要大于螺纹长度，其尺寸按下式计算：

孔的深度=螺纹长度+0.7D

② 手工攻螺纹的方法如图 2-35 所示。双手转动铰手，并轴向加压力，当丝锥切入零件 1～2 牙时，用 90° 角尺检查丝锥是否歪斜，如丝锥歪斜，要纠正后再往下攻。当丝锥位置与螺纹底孔端面垂直后，轴向就不再加压力。两手均匀用力，为避免切屑堵塞，要经常倒转 1/4～1/2 圈，以达到断屑。头锥、二锥应依次攻入。攻铸铁材料螺纹时加煤油而不加切削液，攻钢件材料时加切削液，以保证铰孔的表面粗糙度要求。

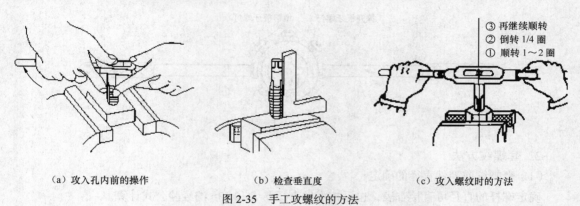

（a）攻入孔内前的操作　　　　　（b）检查垂直度　　　　　（c）攻入螺纹时的方法

图 2-35　手工攻螺纹的方法

2.4.2　套螺纹

套螺纹是用板牙在圆杆上加工出外螺纹。

1. 套螺纹的工具

（1）圆板牙

板牙是加工外螺纹的工具。圆板牙如图 2-36 所示，就像一个圆螺母，不过上面钻有几个屑孔

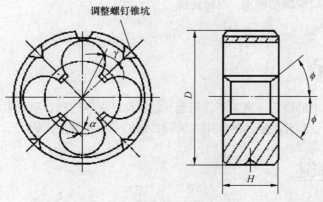

图 2-36　板牙

并形成切削刃。板牙两端带 2ϕ 的锥角部分是切削部分。它是铲磨出来的阿基米德螺旋面，有一定的后角。中间一段是校准部分，也是套螺纹时的导向部分。板牙一端的切削部分磨损后可调头使用。

用圆板牙套螺纹的精度比较低，可用它加工 8h 级、表面粗糙度 Ra 值为 6.3～3.2μm 的螺纹。圆板牙一般用合金工具钢 9SiCr 或高速钢 W18Cr4V 制造。

（2）圆锥管螺纹板牙

圆锥管螺纹板牙的基本结构与普通圆板牙一样，因为管螺纹有锥度，所以只在单面制成切削锥。这种板牙所有切削刃都参加切削，板牙在零件上的切削长度影响管子与相配件的配合尺寸，套螺纹时要用相配件旋入管子来检查是否满足配合要求。

（3）铰手

手工套螺纹时需要用圆板牙铰手，如图 2-37 所示。

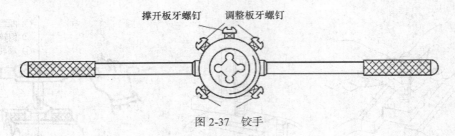

图 2-37　铰手

2．套螺纹方法

（1）套螺纹前零件直径的确定

确定螺杆的直径可直接查表，也可按零件直径 $d=D-0.13p$ 的经验公式计算。

（2）套螺纹操作

套螺纹的方法如图 2-38 所示，将板牙套在圆杆头部倒角处，并保持板牙与圆杆垂直，右手握住铰手的中间部分，加适当压力，左手将铰手的手柄顺时针方向转动，在板牙切入圆杆 2～3 牙时，应检查板牙是否歪斜，如发现歪斜，应纠正后再套。当板牙位置正确后，再往下套就不加压力。套螺纹和攻螺纹一样，应经常倒转以切断切屑。套螺纹应加切削液，以保证螺纹的表面粗糙度要求。

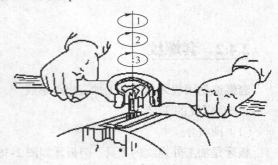

图 2-38　套螺纹方法

2.5　装配

装配是机器制造中的最后一道工序，因此，它是保证机器达到各项技术要求的关键。装配工作的好坏，对产品质量起着决定性的作用。装配是钳工一项非常重要的工作。

2.5.1　装配概述

按照规定的技术要求，将零件组装成机器，并经过调整、试验，使之成为合格产品的工艺过程称为装配。

1．装配类型与装配过程

（1）装配类型

装配类型一般可分为组件装配、部件装配和总装配。

组件装配是将两个以上的零件连接组合成为组件的过程。例如曲轴、齿轮等零件组成一根传动轴系的装配。

部件装配是将组件、零件连接组合成独立机构（部件）的过程。例如车床主轴箱、进给箱等的装配。

总装配是将部件、组件和零件连接组合成为整台机器的过程。

（2）装配过程

机器的装配过程一般由三个阶段组成：一是装配前的准备阶段，二是装配阶段（部件装配和总装配），三是调整、检验和试车阶段。

装配过程一般是先下后上，先内后外，先难后易，先装配保证机器精度的部分，后装配一般部分。

2．零、部件连接类型

组成机器的零、部件的连接形式很多，基本上可归纳成两类：固定连接和活动连接。每一类连接中，按照零件结合后能否拆卸又分为可拆连接和不可拆连接，机器零、部件连接形式见表2-1。

表 2-1　　　　　　　　　　　　　　机器零、部件连接形式

固定连接		活动连接	
可拆	不可拆	可拆	不可拆
螺纹、键、销等	铆接、焊接、压合、胶结等	轴与轴承、丝杠与螺母、柱塞与套筒等	活动连接的铆合头

3．装配方法

（1）完全互换法

装配时，在各类零件中任意取出要装配的零件，不需任何修配就可以装配，并能完全符合质量要求。装配精度由零件的制造精度保证。

（2）选配法（不完全互换法）

按选配法装配的零件，在设计时其制造公差可适当放大。装配前，按照严格的尺寸范围将零件分成若干组，然后将对应的各组配合件装配在一起，以达到所要求的装配精度。

（3）修配法

当装配精度要求较高，采用完全互换不够经济时，常用修正某个配合零件的方法来达到规定的装配精度。如车床两顶尖不等高，装配时可刮削尾架底座来达到精度要求等。

（4）调整法

调整法比修配法方便，也能达到很高的装配精度，在大批生产或单件生产中都可采用此法。但由于增设了调整用的零件，使部件结构显得复杂，而且刚性降低。

4．装配前的准备工作

装配是机器制造的重要阶段。装配质量的好坏对机器的性能和使用寿命影响很大。装配不良的机器，将会使其性能降低，消耗的功率增加，使用寿命减短。因此，装配前必须认真做好以下几点准备工作。

① 研究和熟悉产品图样，了解产品结构以及零件作用和相互连接关系，掌握其技术要求。

② 确定装配方法、程序和所需的工具。

③ 备齐零件，进行清洗、涂防护润滑油。

2.5.2 典型连接件装配方法

装配的形式很多，下面着重介绍螺纹连接、滚动轴承、齿轮等几种典型连接件的装配方法。

1. 螺纹连接

如图 2-39 所示，螺纹连接常用零件有螺钉、螺母、双头螺栓及各种专用螺纹等。螺纹连接是现代机械制造中用得最广泛的一种连接形式。它具有紧固可靠、装拆简便、调整和更换方便、宜于多次拆装等优点。

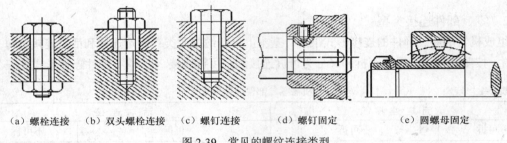

（a）螺栓连接　（b）双头螺栓连接　（c）螺钉连接　（d）螺钉固定　（e）圆螺母固定

图 2-39　常见的螺纹连接类型

对于一般的螺纹连接可用普通扳手拧紧。而对于有规定预紧力要求的螺纹连接，为了保证规定的预紧力，常用测力扳手或其他限力扳手以控制扭矩，如图 2-40 所示。

在紧固成组螺钉、螺母时，为使固紧件的配合面上受力均匀，应按一定的顺序来拧紧。如图 2-41 所示为两种拧紧顺序的实例，按图中数字顺序拧紧，可避免被连接件的偏斜、翘曲和受力不均。而且每个螺钉或螺母不能一次就完全拧紧，应按顺序分 2~3 次才全部拧紧。

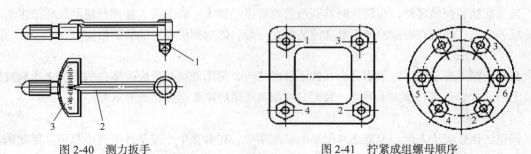

图 2-40　测力扳手

1—扳手头　2—指示针　3—读数板

图 2-41　拧紧成组螺母顺序

零件与螺母的贴合面应平整光洁，否则螺纹容易松动。为提高贴合面质量，可加垫圈。在交变载荷和振动条件下工作的螺纹连接，有逐渐自动松开的可能，为防止螺纹连接的松动，可用弹簧垫圈、止退垫圈、开口销和止动螺钉等防松装置，如图 2-42 所示。

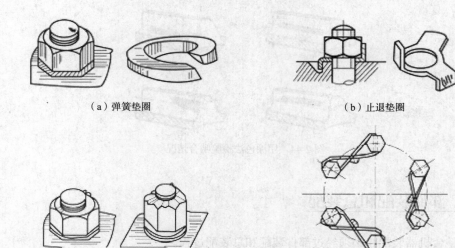

（a）弹簧垫圈　　　　　　　　　　　　　（b）止退垫圈

（c）开口销　　　　　　　　　　　　　（d）止动螺钉

图 2-42　各种螺母防松装置

2. 滚动轴承的装配

滚动轴承的配合多数为较小的过盈配合，常用锤子或压力机采用压入法装配，为了使轴承圈受力均匀，采用垫套加压。轴承压到轴颈上时应施力于内圈端面，如图 2-43（a）所示；轴承压到座孔中时，要施力于外环端面上，如图 2-43（b）所示；若同时压到轴颈和座孔中时，垫套应能同时对轴承内外端面施力，如图 2-43（c）所示。

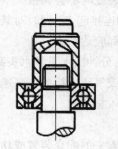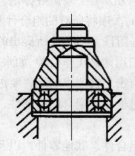

（a）施力于内圈端面　　　　　　（b）施力于外环端面　　　　　　（c）施力于内外环端面

图 2-43　滚动轴承的装配

当轴承的装配是较大的过盈配合时，应采用加热装配，即将轴承吊在 80～90℃的热油中加热，使轴承膨胀，然后趁热装入。注意轴承不能与油槽底接触，以防过热。如果是装入座孔的轴承，需将轴承冷却后装入。轴承安装后要检查滚珠是否被咬住，是否有合理的间隙。

3. 齿轮的装配

齿轮装配的主要技术要求是保证齿轮传递运动的准确性、平稳性、轮齿表面接触斑点和齿侧间隙合乎要求等。

轮齿表面接触斑点可用涂色法检验。先在主动轮的工作齿面上涂上红丹，使相啮合的齿轮在轻微制动下运转，然后看从动轮啮合齿面上接触斑点的位置和大小，如图 2-44 所示。

齿侧间隙一般可用塞尺插入齿侧间隙中检查。塞尺是由一套厚薄不同的钢片组成，每片的厚度都标在它的表面上。

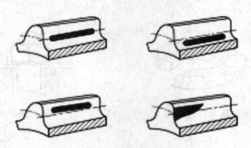

图 2-44　用涂色法检验啮合情况

2.5.3　部件装配和总装配

要完成整台机器装配，必须经过部件装配和总装配过程。

1. 部件装配

部件装配通常是在装配车间的各个工段（或小组）进行的。部件装配是总装配的基础，这一工序进行得好与坏，会直接影响到总装配和产品的质量。

部件装配的过程包括以下四个阶段。

① 装配前按图样检查零件的加工情况，根据需要进行补充加工。

② 组合件的装配和零件相互试配。在这个阶段内可用选配法或修配法来消除各种配合缺陷。组合件装好后不再分开，以便一起装入部件内。互相试配的零件，当缺陷消除后，仍要加以分开（因为它们不是属于同一个组合件），但分开后必须做好标记，以便重新装配时不会调错。

③ 部件的装配及调整，即按一定的次序将所有的组合件及零件互相连接起来，同时对某些零件通过调整正确地加以定位。通过这一阶段，对部件所提出的技术要求都应达到。

④ 部件的检验，即根据部件的专门用途做工作检验。如水泵要检验每分钟出水量及水头高度；齿轮箱要进行空载检验及负荷检验；有密封性要求的部件要进行水压（或气压）检验；高速转动部件还要进行动平衡检验等。只有通过检验确定合格的部件，才可以进入总装配。

2. 总装配

总装配就是把预先装好的部件、组合件、其他零件，以及从市场采购来的配套装置或功能部件装配成机器。总装配过程及注意事项如下。

① 总装前，必须了解所装机器的用途、构造、工作原理以及与此有关的技术要求。接着确定它的装配程序和必须检查的项目，最后对总装好的机器进行检查、调整、试验、直至机器合格。

② 总装配执行装配工艺规程所规定的操作步骤，采用工艺规程所规定的装配工具。应按从里到外、从下到上、不影响下道装配为原则的次序进行。操作中不能损伤零件的精度和表面粗糙度，对重要的复杂的部分要反复检查，以免搞错或多装、漏装零件。在任何情况下均保证污物不进入机器的部件、组合件或零件内。机器总装后，要在滑动和旋转部分加润滑油，以防运转时出现拉毛、咬住或烧损现象。最后要严格按照技术要求，逐项进行检查。

③ 装配好的机器必须加以调整和检验。调整的目的在于查明机器各部分的相互作用及各个机构工作的协调性。检验的目的是确定机器工作的正确性和可靠性，发现由于零件制造的质量、装配或调整的质量问题所造成的缺陷。小的缺陷可以在检验台上加以消除；大的缺陷应将机器送到

原装配处返修。修理后再进行第二次检验，直至检验合格为止。

④　检验结束后应对机器进行清洗，随后送修饰部门上防锈漆、涂漆。

钳工安全操作规程

1. 使用带把的工具时，检查手柄是否牢固、完整。

2. 用台虎钳装夹工件时，要注意夹牢，不应在台虎钳手柄上加套管子扳紧或用锤子敲击台虎钳手柄，以免损坏台虎钳或工件。工件应尽量放在台虎钳中间夹紧，锉削时不准摸工件，不准用嘴吹工件，应该用专备的刷子清除。

3. 錾子头部不准淬火，不准有毛刺，不能沾油，錾削时要戴眼镜。

4. 用手锯时锯条要上正，拉紧时不能用力过大、过猛，不可用力重压或扭转锯条，材料将断时，应轻轻锯削。

5. 锤子必须有铁楔，抡锤的方向要避开旁人。

6. 各种板牙的尺寸要合适，防止滑脱伤人。

7. 使用手电钻时要检查导线是否绝缘可靠，要保证安全接地，要戴绝缘手套。

8. 操作钻床不准戴手套，运转时不准变速，不准手摸工件和钻头。操作时只允许一人进行。

9. 正确使用夹头、套管、铁楔和钥匙，不准乱打乱砸。

10. 铰孔或攻螺纹时，不可用力过猛，以免折断铰刀或丝锥。

11. 使用砂轮机刃磨刀具时，必须按砂轮安全操作规程进行。

12. 发生事故后保护现场，拉掉电闸，并向有关人员报告。

13. 实习完毕擦净机床，清扫铁屑和工作场所的清洁，切断电源。

习题

1. 钳工工作的性质与特点是什么？它包括哪些基本操作？

2. 什么是划线基准？选择划线基准的原则是什么？

3. 划线的目的是什么？

4. 划线工具有哪些？划线工具可分为哪几类？

5. 錾子一般用什么材料制造？刃口和头部硬度为什么不一样？

6. 粗、中、细齿锯条如何区分？怎样正确选用锯条？

7. 锯齿的前角、楔角、后角各约多少度？锯条反装后，这些角度有什么变化？对锯削有什么影响？

8. 试分析锯条折断的原因。

9. 锉刀的构造是怎样的？锉刀的种类有哪些？根据什么原则选择锉刀的齿纹粗细、大小和截面形状？

10. 平面锉削时常用的方法有哪几种？各种方法适用于哪种场合？锉削外圆弧面有哪两种操作方法？

11. 麻花钻的构造及各组成部分的作用？

12. 钻头有哪几个主要角度？标准顶角是多少度？

13. 钻孔时，选择转速和进给量的原则是什么？

14. 钻孔、扩孔和铰孔三者各应用在什么场合？

15. 什么叫攻螺纹？什么叫套螺纹？试简述丝锥和板牙的构造？

16. 攻螺纹前的底孔直径如何确定？套螺纹前的圆杆直径如何确定？

17. 钳工常用錾子分哪几种？錾子的握法分哪几种？

18. 为什么套螺纹前要检查圆杆直径？圆杆直径大小应怎样确定？为什么圆杆要倒角？

19. 说明锯削直径 50mm 的纯铜棒和锯削厚度 1.5mm 薄钢板各应选用何种刀具？

20. 从锉削操作分析，锉削平面应如何防止产生中凸、塌边、塌角等缺陷？

21. 在攻螺纹时如何辨认头锥、二锥？为什么在攻螺纹时要经常反转？

第3章

车削加工

【学习指南】

1. 了解车削加工的特点及应用场合。
2. 掌握车削加工所用工具、夹具、量具、刀具和设备的使用方法。
3. 掌握车削加工中端面、外圆、圆锥、内孔、螺纹等基本加工方法。

本章重点：车削加工工艺。

本章难点：车削加工方法。

相关链接

车床是经过漫长的时间逐渐演进而成的。早在 4000 年前就记载有人利用简单的拉弓原理完成钻孔的工作，这是有记录的最早的工具机，即使到目前仍可发现以人力作为驱动力的手工钻床。之后车床衍生而出，并被用于木材的车削与钻孔，英文中车床的名称Lathe（Lath 是木板的意思）就是由此而来。经过数百年的演进，车床的进展很慢，木质的床身、速度慢且扭力低，除了用于木工加工外，并不适合做金属切削，这种情况一直持续到工业革命前。这段期间可称为车床的雏形期。

18 世纪开始的工业革命，象征着以工匠主导的农业社会结束，取而代之的是强调大量生产的工业社会。由于各种金属制品被大量使用，为了满足金属零件的加工，车床成了关键性设备。18 世纪初车床的床身已是由金属制成，结构强度变大，更适合做金属切削，但因结构简单，只能做车削与螺旋方面的加工。到了 19 世纪才有完全以铁制零件组合完成的车床，再加上诸如螺杆等传动机构的导入，一部具有基本功能的车床才开发出来。但因动力只能靠人力、兽力或水力带动，仍无法满足需求，只能算是刚完成基本架构。

此后，瓦特发明了蒸汽机，使得车床可由蒸汽产生动力用来驱动车床运转，此时车床的动力是集中一处，再经由传动带与齿轮的传递分散到工厂各处的车床。20 世纪初拥有独立动力源的动力车床（Engine Lathe）终于被开发，也将车床带到新的领域。

20 世纪中期计算机被发明，不久计算机即被应用在工具机上，数字控制车床逐渐取代传统车床，生产效率倍增，零件加工精度更是大幅提升。且随着计算机软、硬件日趋进步与成熟，许多以往被视为无法实现加工的技术一一被克服，CNC 化工具机的比率成了国家现代化的重要指标。

3.1 车削加工概述

车削是在车床上利用工件的旋转运动和刀具的移动来改变毛坯形状和尺寸，将其加工成所需零件的一种切削加工方法。其中工件的旋转为主运动，刀具的移动为进给运动，如图 3-1 所示。

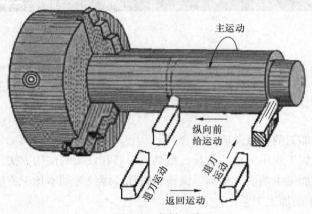

图 3-1　车削运动

车床主要用于加工各种回转体表面（见图 3-2），加工的尺寸公差等级为 IT11～IT6 级，表面粗糙度 Ra 值为 12.5～0.8μm。车床的种类很多，其中应用最广泛的是卧式车床。

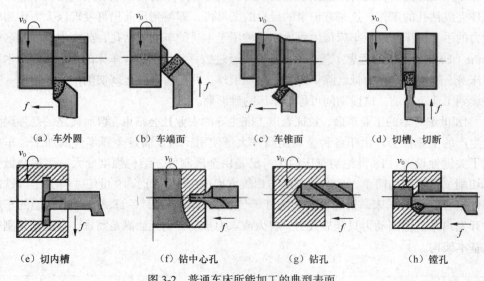

(a) 车外圆　　(b) 车端面　　(c) 车锥面　　(d) 切槽、切断

(e) 切内槽　　(f) 钻中心孔　　(g) 钻孔　　(h) 镗孔

图 3-2　普通车床所能加工的典型表面

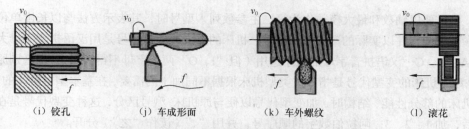

| （i）铰孔 | （j）车成形面 | （k）车外螺纹 | （l）滚花 |

图 3-2 普通车床所能加工的典型表面（续）

车削加工的尺寸精度较宽，一般可达 IT12～IT7 级，精车时可达 IT6～IT5 级。表面粗糙度 Ra（轮廓算术平均高度）数值的范围一般是 6.3～0.8μm，见表 3-1。

表 3-1　　　　　　　　　　常用车削精度与相应表面粗糙度

加工类别	加工精度	表面粗糙度值 Ra/μm	标 注 代 号	表 面 特 征
粗车	IT12 IT11	25～50 12.5	$\sqrt{}$ Ra 50 Ra 25 $\sqrt{}$ Ra 12.5	可见明显刀痕 可见刀痕
半精车	IT10 IT9	6.3 3.2	$\sqrt{}$ Ra 6.3 $\sqrt{}$ Ra 3.2	可见加工痕迹 微见加工痕迹
精车	IT8 IT7	1.6 0.8	$\sqrt{}$ Ra 1.6 $\sqrt{}$ Ra 0.8	不见加工痕迹 可辨加工痕迹方向
精细车	IT6 IT5	0.4 0.2	$\sqrt{}$ Ra 0.4 $\sqrt{}$ Ra 0.2	微辨加工痕迹方向 不辨加工痕迹

3.2　卧式车床

3.2.1　机床的型号

机床型号是机床产品的代号，用以简明的表示机床的类型、通用和结构特性。主要技术参数等，GB/T15375—94《金属切削机床型号编制方法》规定，我国机床型号由汉语拼音字母和阿拉伯数字按一定规律组合而成，适用于各类通用机床和专用机床（组合机床除外）。其编制的基本方法如图 3-3 所示。机床的类代号，用大写的汉语拼音字母表示，当需要时，每类可分为若干分类，用阿拉伯数字写在类代号之前，作为型号的首位（第一分类不予表示）。机床的特性代号，用大写的汉语拼音字母表示。机床的组、系代号用两位阿拉伯数字表示。机床的主参数用折算值表示，当折算数值大于 1 时，则取整数，前面不加"0"；当折算数值小于 1 时，则以主参数值表示，并在前面加"0"。某些通用机床，当无法用一个主参数表示时，则在型号中用设计顺序号表示，顺序号由 1 起始，当设计顺序号少于十位数时，则在设计顺序号之前加"0"。机床的第二主参数列入型号的后部，并用"×"（读作"乘"）分开。凡属长度（包括跨距、行程等）的采用"1/100"的折算系数，凡属直径、深度、宽度的则采用"1/10"的折算系数，属于厚度的则以实际数值列入型号；当需要以轴数和最大模数作为第二主参数列入型号时，其表示方法与以长度单位表示的第二主参数相同，并以实际的数值列入型号。机床的重大改进顺序号是用汉语拼音字母大写表示的，按 A、B、C…汉语拼音字母的顺序选用（但"I、O"两个字母不得选用），以区别原机床型号。同一型号机床的变型代号是指某些类型机床根据不同加工的需要，在基本型号机床的基础上，仅改变机床的部分性能、结构时，加变型代号以便与原机床 型号区分，这种变型代号是在原机床型号之后，加 1、2、3…阿拉伯数字的顺序号，并用"、"（读作"之"）分开。

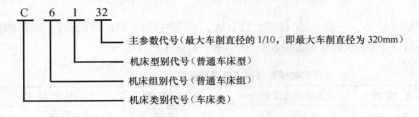

C 6 1 32
主参数代号（最大车削直径的 1/10，即最大车削直径为 320mm）
机床型别代号（普通车床型）
机床组别代号（普通车床组）
机床类别代号（车床类）

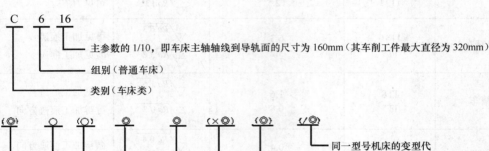

C 6 16
主参数的 1/10，即车床主轴轴线到导轨面的尺寸为 160mm（其车削工件最大直径为 320mm）
组别（普通车床）
类别（车床类）

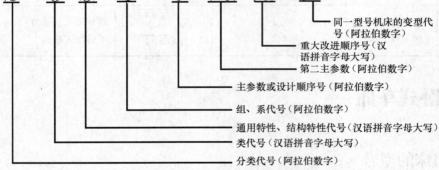

同一型号机床的变型代号（阿拉伯数字）
重大改进顺序号（汉语拼音字母大写）
第二主参数（阿拉伯数字）
主参数或设计顺序号（阿拉伯数字）
组、系代号（阿拉伯数字）
通用特性、结构特性代号（汉语拼音字母大写）
类代号（汉语拼音字母大写）
分类代号（阿拉伯数字）

图 3-3　机床型号编制方法简图

3.2.2　卧式车床的结构

1. 卧式车床的型号

卧式车床用 C61××来表示，其中 C 为机床分类号，表示车床类机床；61 为组系代号，表示卧式。其他表示车床的有关参数和改进号。

2. 卧式车床各部分的名称和用途

C6132 普通车床的外形如图 3-4 所示。

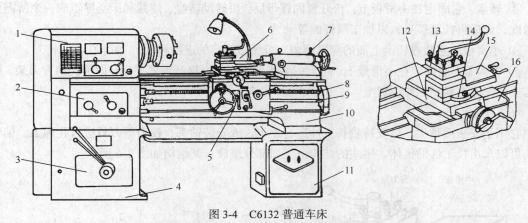

图 3-4　C6132 普通车床

1—床头箱　2—进给箱　3—变速箱　4—前床脚　5—溜板箱　6—刀架　7—尾架　8—丝杠　9—光杠　10—床身
11—后床脚　12—中滑板　13—方刀架　14—转盘　15—小滑板　16—床鞍

（1）主轴箱

　　主轴箱又称床头箱，内装主轴和变速机构。其变速是通过改变设在主轴箱外面的手柄位置实现的，可使主轴获得 12 种不同的转速（45～1980r/min）。主轴是空心结构，能通过长棒料，棒料能通过主轴孔的最大直径是 29mm。主轴的右端有外螺纹，用以连接卡盘、拨盘等附件。主轴右端的内表面是莫氏 5 号的锥孔，可插入锥套和顶尖，当采用顶尖并与尾架中的顶尖同时使用安装轴类工件时，其两顶尖之间的最大距离为 750mm。主轴箱的另一重要作用是将运动传给进给箱，并可改变进给方向。

（2）进给箱

　　进给箱又称走刀箱，它是进给运动的变速机构。它固定在主轴箱下部的床身前侧面。变换进给箱外面的手柄位置，可将主轴箱内主轴传递下来的运动，转换为光杠或丝杠的不同转速，以改变进给量的大小或车削不同螺距的螺纹。其纵向进给量为 0.06～0.83mm/r；横向进给量为 0.04～0.78mm/r；可车削 17 种米制螺纹（螺距为 0.5～9mm）和 32 种英制螺纹（每英寸 2～38 牙）。

（3）变速箱

　　安装在车床前床脚的内腔中，并由电动机（4.5kW，1440r/min）通过联轴器直接驱动变速箱中的齿轮传动轴。变速箱外设有两个长的手柄，分别用来移动传动轴上的双联滑移齿轮和三联滑移齿轮，可共获 6 种转速，通过传动带传动至主轴箱。

（4）溜板箱

　　溜板箱又称拖板箱，溜板箱是进给运动的操纵机构。它使光杠或丝杠的旋转运动，通过齿轮和齿条或丝杠和开合螺母，推动车刀做进给运动。溜板箱上有三层滑板，当接通光杠时，可使床鞍带动中滑板、小滑板及刀架沿床身导轨做纵向移动；中滑板可带动小滑板及刀架沿床鞍上的导轨做横向移动。故刀架可做纵向或横向直线进给运动。当接通丝杠并闭合开合螺母时可车削螺纹。溜板箱内设有互锁机构，使光杠、丝杠两者不能同时使用。

（5）刀架

　　它是用来装夹车刀，并可做纵向、横向及斜向运动。刀架由下列部分组成，其结构如图 3-5 所示。

①　床鞍。它与溜板箱牢固相连，可沿床身导轨做纵向移动。

②　中滑板。它装置在床鞍顶面的横向导轨上，可做横向移动。

③ 转盘。它固定在中滑板上，松开紧固螺母后，可转动转盘，使其和床身导轨成一个所需要的角度，而后再拧紧螺母，以加工圆锥面等。

④ 小滑板。它装在转盘上面的燕尾槽内，可做短距离的进给移动。

⑤ 方刀架。它固定在小滑板上，可同时装夹四把车刀。松开锁紧手柄，即可转动方刀架，把所需要的车刀更换到工作位置上。

（6）尾座

它用于安装后顶尖，以支持较长工件进行加工，或安装钻头、铰刀等刀具进行孔加工。偏移尾座可以车出长工件的锥体。尾座的结构由下列部分组成，其结构如图 3-6 所示。

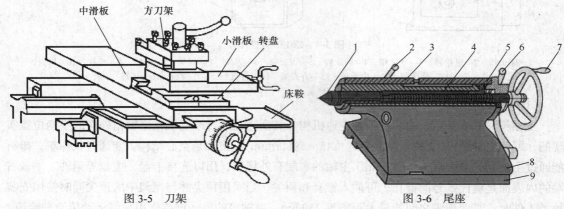

图 3-5　刀架

图 3-6　尾座

1—顶尖　2—套筒锁紧手柄　3—顶尖套筒　4—丝杠
5—螺母　6—尾座锁紧手柄　7—手轮　8—尾座体　9—底座

① 套筒。其左端有锥孔，用以安装顶尖或锥柄刀具。套筒在尾座体内的轴向位置可用手轮调节，并可用锁紧手柄固定。将套筒退至极右位置时，即可卸出顶尖或刀具。

② 尾座体。它与底座相连，当松开固定螺钉，拧动螺杆可使尾座体在底板上做微量横向移动，以便使前后顶尖对准中心或偏移一定距离车削长锥面。

③ 底座。它直接安装于床身导轨上，用以支撑尾座体。

（7）光杠与丝杠

将进给箱的运动传至溜板箱。光杠用于一般车削，丝杠用于车螺纹。

（8）床身

它是车床的基础件，用来连接各主要部件并保证各部件在运动时有正确的相对位置。在床身上有供溜板箱和尾座移动用的导轨。

（9）操纵杆

操纵杆是车床的控制机构，在操纵杆左端和拖板箱右侧各装有一个手柄，操作工人可以很方便地操纵手柄以控制车床主轴正转、反转或停车。

3.2.3　卧式车床的传动系统

图 3-7 所示是 C6132 卧式车床传动系统框图。电动机输出的动力，经变速箱通过带传动传给主轴，更换变速箱和主轴箱外的手柄位置，得到不同的齿轮组啮合，从而得到不同的主轴转速。主轴通过卡盘带动工件做旋转运动。同时，主轴的旋转运动通过换向机构、交换齿轮、进给箱、

光杠（或丝杠）传给溜板箱，使溜板箱带动刀架沿床身做直线进给运动。

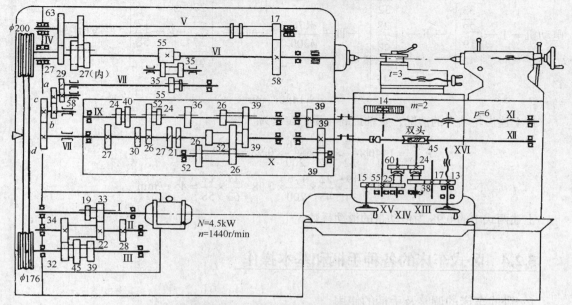

图 3-7　C6132 卧式车床传动系统框图

主轴实现多种转速是通过改变传动比来达到的。传动比（i）是传动轴之间的转速之比。若主动轴的转速为 n_1，被动轴的转速为 n_2，则机床传动比规定为（与机械零件设计中的传动比规定相反）：

$$i = \frac{n_2}{n_1}$$

这样规定是因为机床传动件多且传动路线长，并且写出传动链和计算方便。机床中的传动轴之间可以通过传动带和各种齿轮等来传递运动。现设主动轴上的齿轮齿数为 z_1、被动轴上齿轮齿数为 z_2，则机床传动比可转换为主动齿轮齿数与被动齿轮齿数之比，即

$$i = \frac{n_2}{n_1} = \frac{z_1}{z_2}$$

若使被动轴获得多种不同的转速，可在传动轴上设置几个固定齿轮或采用双联滑移齿轮等，使两轴之间有多种不同的齿数比来达到。

车床电动机一般为单速电动机，并用联轴器使第一根传动轴（主动轴）同步旋转，若已知从动轴的转速，则可方便求出

$$n_2 = n_1\, i = n_1\, \frac{z_1}{z_2}$$

依此类推，可计算出任一轴的转速直至最后一根轴，即主轴的转速。当只求主轴最高或最低转速，则可用各传动轴的最大传动比（取齿数之比为最大）的连乘积（总传动比 n_2）或最小传动比（取齿数之比为最小）的连乘积（总传动比 n_2）来加以计算，即

$$n_{\max} = n_1\, i_{\max}$$
$$n_{\min} = n_1\, i_{\min}$$

要求主轴全部 12 种转速，可将各传动轴之间的传动比分别都用上式加以计算得出。在计算主轴转速时，必须先列出主运动传动路线（或称传动系统或称传动链）：

$$\text{电动机—I—} \begin{bmatrix} \dfrac{33}{22} \\ \dfrac{19}{34} \end{bmatrix} \text{—II—} \begin{bmatrix} \dfrac{34}{32} \\ \dfrac{28}{39} \\ \dfrac{22}{45} \end{bmatrix} \text{—III—} \dfrac{\phi176}{\phi200}\varepsilon \text{—IV—} \begin{bmatrix} \dfrac{27}{27} \\ \dfrac{27}{63} \end{bmatrix} \text{—V—} \dfrac{17}{58} \text{—VI 主轴}$$

$$n = 1440\text{r}/\text{min}$$

按上述齿轮啮合的情况，主轴最高与最低转速为

$$n_{\max} = 1440 \times \frac{33}{22} \times \frac{34}{32} \times \frac{176}{200} \times 0.98 = 1980 \text{ r}/\text{min}$$

$$n_{\min} = 1440 \times \frac{19}{34} \times \frac{22}{45} \times \frac{176}{200} \times 0.98 \times \frac{27}{63} \times \frac{17}{58} = 45 \text{ r}/\text{min}$$

上述两式中的 0.98 为传动带的滑动系数。

3.2.4　卧式车床的各种手柄和基本操作

1. 卧式车床的调整及手柄的使用

C6132 车床的调整主要是通过变换各自相应的手柄位置进行的，如图 3-8 所示。

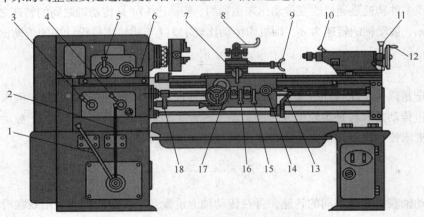

图 3-8　C6132 车床的调整手柄

1、2、6—主运动变速手柄　3、4—进给运动变速手柄　5—刀架左右移动的换向手柄　7—刀架横向手动手柄
8—方刀架锁紧手柄　9—小刀架移动手柄　10—尾座套筒锁紧手柄　11—尾座锁紧手柄
12—尾座套筒移动手轮　13—主轴正反转及停止手柄　14—"开合螺母"开合手柄
15—刀架横向自动手柄　16—刀架纵向自动手柄　17—刀架纵向手动手轮
18—光杠、丝杠更换使用的离合器

2. 卧式车床的基本操作

（1）停车练习（主轴正反转及停止手柄 13 在停止位置）

① 正确变换主轴转速。变动变速箱和主轴箱外面的变速手柄 1、2 或 6，可得到各种相对应的主轴转速。当手柄拨动不顺利时，可用手稍转动卡盘即可。

② 正确变换进给量。按所选的进给量查看进给箱上的标牌，再按标牌上进给变换手柄位置来变换手柄 3 和 4 的位置，即得到所选定的进给量。

③ 熟悉掌握纵向和横向手动进给手柄的转动方向。左手握纵向进给手动手轮 17，右手握横

向进给手动手柄 7。分别顺时针和逆时针旋转手轮，操纵刀架和溜板箱的移动方向。

④ 熟悉掌握纵向或横向机动进给的操作。光杠或丝杠接通手柄 18 位于光杠接通位置上，将纵向机动进给手柄 16 提起即可纵向进给，如将横向机动进给手柄 15 向上提起即可横向机动进给。分别向下扳动则可停止纵、横机动进给。

⑤ 尾座的操作。尾座靠手动移动，其固定靠紧固螺栓螺母。转动尾座移动套筒手轮 12，可使套筒在尾座内移动，转动尾座锁紧手柄 11，可将套筒固定在尾座内。

（2）低速开车练习

练习前应先检查各手柄位置是否处于正确的位置，无误后进行开车练习。

① 主轴启动—电动机启动—操纵主轴转动—停止主轴转动—关闭电动机。

② 机动进给—电动机启动—操纵主轴转动—手动纵横进给—机动纵横进给—手动退回—机动横向进给—手动退回—停止主轴转动—关闭电动机。

操作时应特别注意以下问题。

① 机床未完全停止时严禁变换主轴转速，否则会发生严重的主轴箱内齿轮打齿现象甚至发生机床事故。开车前要检查各手柄是否处于正确位置。

② 纵向和横向手柄进退方向不能摇错，尤其是快速进退刀时要千万注意，否则会发生工件报废和安全事故。

③ 横向进给手动手柄每转一格时，刀具横向进给为 0.02mm，其圆柱体直径方向切削量为 0.04mm。

3.3　车刀

3.3.1　车刀的结构

车刀由刀头和刀杆两部分组成，刀头是车刀的切削部分，刀杆是车刀的夹持部分。车刀从结构上分为四种形式，即整体式、焊接式、机夹式、可转位式车刀。其结构特点及适用场合见表 3-2。

表 3-2　车刀结构类型特点及适用场合

名　称	特　点	适用场合
整体式	用整体高速钢制造，刃口可磨得较锋利	小型车床或加工非铁金属
焊接式	焊接硬质合金或高速钢刀片，结构紧凑，使用灵活	各类车刀特别是小刀具
机夹式	避免了焊接产生的应力、裂纹等缺陷，刀杆利用率高。刀片可集中刃磨获得所需参数；使用灵活、方便	外圆、端面、镗孔、切断、螺纹车刀等
可转位式	避免了焊接刀的缺点，刀片可快换转位；生产率高、断屑稳定；可使用涂层刀片	大中型车床加工外圆、端面、镗孔，特别适用于自动线、数控机床

3.3.2　刀具材料

1. 刀具材料应具备的性能

（1）高硬度和好的耐磨性

刀具材料的硬度必须高于被加工材料的硬度才能切下金属。一般刀具材料的硬度应在 60HRC

以上。刀具材料越硬，其耐磨性越好。

（2）足够的强度与冲击韧度

强度是指在切削力的作用下，不至于发生刀刃崩碎与刀杆折断所具备的性能。冲击韧度是指刀具材料在有冲击或间断切削的工作条件下，保证不崩刃的能力。

（3）高的耐热性

耐热性又称红硬性，是衡量刀具材料性能的主要指标，它综合反映了刀具材料在高温下仍能保持高硬度、耐磨性、强度、抗氧化、抗粘结和抗扩散的能力。

（4）良好的工艺性和经济性

2. 常用刀具材料

目前车刀广泛应用硬质合金刀具材料，在某些情况下也应用高速钢刀具材料。

（1）高速钢

高速钢是一种高合金钢，俗称白钢、锋钢等。其强度、冲击韧度、工艺性很好，是制造复杂形状刀具的主要材料，如成形车刀、麻花钻头、铣刀、齿轮刀具等。高速钢的耐热性不高，在640℃左右其硬度下降，不能进行高速切削。

（2）硬质合金

以耐热性和耐磨性好的碳化物、钴为粘结剂，采用粉末冶金的方法压制成各种形状的刀片，然后用铜钎焊的方法焊在刀头上作为切削刀具的材料。硬质合金的耐磨性和硬度比高速钢高得多，但塑性和冲击韧度不及高速钢。

按 GBT18376.12—2001，可将硬质合金分为 P、M、K 三类。

① P 类硬质合金。主要成分为 WC + TiC + Co，用蓝色作标志，相当于原钨钛钴类（YT）。主要用于加工长切屑的黑色金属，如钢类等塑性材料。此类硬质合金的耐热性为 900℃。

② M 类硬质合金。主要成分为 WC + TiC + TaC（NbC）+Co，用黄色作标志，又称通用硬质合金，相当于原钨钛钽类通用合金（YW）。主要用于加工黑色金属和有色金属。此类硬质合金的耐热性为 1000～1100℃。

③ K 类硬质合金。主要成分为 WC+Co，用红色作标志，又称通用硬质合金，相当于原钨钴（YG）。主要用于加工短切屑的黑色金属（如铸铁）、有色金属和非金属材料。此类硬质合金的耐热性为 800℃。

3.3.3　车刀组成及车刀角度

车刀是形状最简单的单刃刀具，其他各种复杂刀具都可以看作是车刀的组合和演变，有关车刀角度的定义均适用于其他刀具。

1. 车刀的组成

车刀由刀头（切削部分）和刀体（夹持部分）组成。车刀的切削部分是由三面、二刃、一尖所组成的，即一点二线三面，如图 3-9 所示。

① 前刀面。切削时，切屑流出所经过的表面。

② 主后刀面。切削时，与工件加工表面相对的表面。

③ 副后刀面。切削时，与工件已加工表面相对的表面。

④ 主切削刃。前刀面与主后刀面的交线。它可以是直线或曲线，担负着主要的切削工作。

⑤ 副切削刃。前刀面与副后刀面的交线。一般只担负少量的切削工作。

⑥ 刀尖。主切削刃与副切削刃的相交部分。为了强化刀尖，常磨成圆弧形或磨成一小段直线，称过渡刃，如图 3-10 所示。

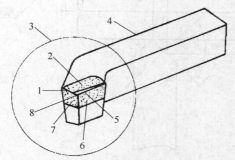

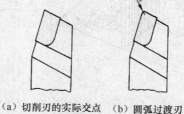

（a）切削刃的实际交点　（b）圆弧过渡刃　（c）直线过渡刃

图 3-9　车刀的组成　　　　　　　　　　　　　图 3-10　刀尖的形成

1—副切削刃　2—前刀面　3—刀头　4—刀体　5—主切削刃
6—主后刀面　7—副后刀面　8—刀尖

2. 车刀角度

车刀的主要角度有前角γ_o、后角α_o、主偏角κ_r、副偏角κ_r'和刃倾角λ_s。（见图 3-11）。

车刀的角度是在切削过程中形成的，它们对加工质量和生产率等起着重要作用。在切削时，与工件加工表面相切的假想平面称为切削平面，与切削平面相垂直的假想平面称为基面，另外采用机械制图的假想剖面（主剖面），由这些假想的平面再与刀头上存在的三面二刃就可构成实际起作用的刀具角度（见图 3-12）。对车刀而言，基面呈水平面，并与车刀底面平行。切削平面、主剖面与基面是相互垂直的。

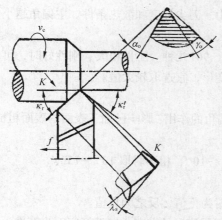

图 3-11　车刀的主要角度

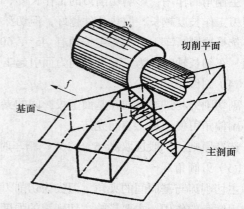

图 3-12　确定车刀角度的辅助平面

（1）前角γ_o

前角是前刀面与基面之间的夹角，表示前刀面的倾斜程度。前角可分为正、负、零，前刀面在基面之下则前角为正值，反之为负值，相重合为零。一般所说的前角是指正前角。图 3-13 所示为前角与后角的剖视图。

前角的作用：增大前角，可使刀刃锋利、切削力降低、切削温度低、刀具磨损小、表面加工质量高。但过大的前角会使刃口强度降低，容易造成刃口损坏。

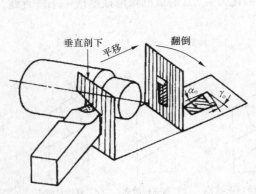

图 3-13 前角与后角

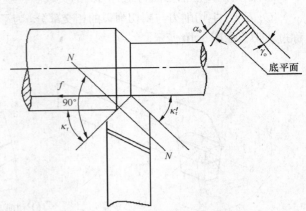

图 3-14 车刀的主偏角与副偏角

选择原则：用硬质合金车刀加工钢件（塑性材料等），一般选取 $\gamma_0=10°\sim20°$；加工灰口铸铁（脆性材料等），一般选取 $\gamma_0=5°\sim15°$。精加工时，可取较大的前角，粗加工应取较小的前角。工件材料的强度和硬度大时，前角取较小值，有时甚至取负值。

（2）后角 α_0

后角是主后刀面与切削平面之间的夹角，表示主后刀面的倾斜程度。

后角的作用：减少主后刀面与工件之间的摩擦，并影响刃口的强度和锋利程度。

选择原则：一般后角 α_0 可取 $6°\sim8°$。

（3）主偏角 κ_r

主偏角是主切削刃与进给方向在基面上投影间的夹角。

主偏角的作用：影响切削刃的工作长度、切深抗力、刀尖强度和散热条件。主偏角越小，则切削刃工作长度越长，散热条件越好，但切深抗力越大。

选择原则：车刀常用的主偏角有 45°、60°、75°、90° 几种。工件粗大、刚性好时，可取较小值。车细长轴时，为了减少径向力而引起工件弯曲变形，宜选取较大值。

（4）副偏角 κ_r'

副切削刃与进给方向在基面上投影间的夹角。副偏角的作用：影响已加工表面的表面粗糙度，减小副偏角可使已加工表面光洁。

选择原则：一般选取 $\kappa_r'=5°\sim15°$，精车时可取 $5°\sim10°$，粗车时取 $10°\sim15°$。

（5）刃倾角 λ_s

主切削刃与基面间的夹角，刀尖为切削刃最高点时为正值，反之为负值。

刃倾角的作用：主要影响主切削刃的强度和控制切屑流出的方向。以刀杆底面为基准，当刀尖为主切削刃最高点时，λ_s 为正值，切屑流向待加工表面，如图 3-15（a）所示；当主切削刃与刀杆底面平行时，$\lambda_s=0°$，切屑沿着垂直于主切削刃的方向流出，如图 3-15（b）所示；当刀尖为主切削刃最低点时，λ_s 为负值，切屑流向已加工表面，如图 3-15（c）所示。

选择原则：一般 λ_s 在 $-5°\sim5°$ 选择。粗加工时，λ_s 常取负值，虽切屑流向已加工表面无妨，但保证了主切削刃的强度好。精加工常取正值，使切屑流向待加工表面，从而不会划伤已加工表面。

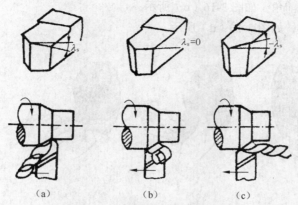

图 3-15　刃倾角对切屑流向的影响

3.3.4　车刀的刃磨

车刀（指整体车刀与焊接车刀）用钝后重新刃磨是在砂轮机上进行的。刃磨高速钢车刀用氧化铝砂轮（白色），刃磨硬质合金刀头用碳化硅砂轮（绿色）。

1. 砂轮的选择

砂轮的特性由磨料、粒度、硬度、结合剂和组织 5 个因素决定。

（1）磨料

常用的磨料有氧化物系、碳化物系和高硬磨料系 3 种。氧化铝砂轮和碳化硅砂轮最为常用。氧化铝砂轮磨粒硬度低（2000～2400HV）、韧性大，适用刃磨高速钢车刀，其中白色的叫做白刚玉，灰褐色的叫做棕刚玉。碳化硅砂轮的磨粒硬度比氧化铝砂轮的磨粒高（2800HV 以上）。性脆而锋利，并且具有良好的导热性和导电性，适用刃磨硬质合金。其中常用的是黑色和绿色的碳化硅砂轮。而绿色的碳化硅砂轮更适合刃磨硬质合金车刀。

（2）粒度

粒度表示磨粒的大小。以磨粒能通过每英寸长度上多少个孔眼的数字作为表示符号。例如 60 粒度是指磨粒刚可通过每英寸长度上有 60 个孔眼的筛网。因此，数字越大则表示磨粒越细。粗磨车刀应选磨粒号数小的砂轮，精磨车刀应选号数大（即磨粒细）的砂轮。

（3）硬度

砂轮的硬度是反映磨粒在磨削力作用下，从砂轮表面上脱落的难易程度。砂轮硬，即表面磨粒难以脱落；砂轮软，表示磨粒容易脱落。砂轮的软硬和磨粒的软硬是两个不同的概念，必须区分清楚。刃磨高速钢车刀和硬质合金车刀时应选软或中软的砂轮。

综上所述，我们应根据刀具材料正确选用砂轮。刃磨高速钢车刀时，应选用粒度为 46～60 号的软或中软的氧化铝砂轮。刃磨硬质合金车刀时，应选用粒度为 60～80 号的软或中软的碳化硅砂轮，两者不能搞错。

2. 车刀刃磨的步骤

磨主后刀面，同时磨出主偏角及主后角，如图 3-16（a）所示；

磨副后刀面，同时磨出副偏角及副后角，如图 3-16（b）所示；

磨前面，同时磨出前角，如图 3-16（c）所示；

修磨各刀面及刀尖，如图 3-16（d）所示。

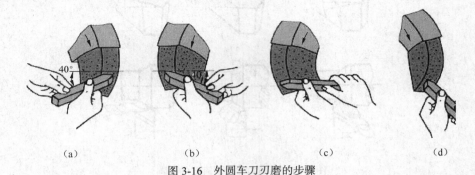

| （a） | （b） | （c） | （d） |

图 3-16　外圆车刀刃磨的步骤

3．刃磨车刀的姿势及方法

① 人站立在砂轮机的侧面，以防砂轮碎裂时，碎片飞出伤人。

② 两手握刀的距离放开，两肘夹紧腰部，以减小磨刀时的抖动。

③ 磨刀时，车刀要放在砂轮的水平中心，刀尖略向上翘 3°～8°，车刀接触砂轮后应做左右方向水平移动；当车刀离开砂轮时，车刀须向上抬起，以防磨好的刀刃被砂轮碰伤。

④ 磨主后刀面时，刀杆尾部向左偏过一个主偏角的角度；磨副后刀面时，刀杆尾部向右偏过一个副偏角的角度。

⑤ 修磨刀尖圆弧时，通常以左手握车刀前端为支点，用右手转动车刀的尾部。

4．磨刀安全知识

① 刃磨刀具前，应首先检查砂轮有无裂纹，砂轮轴螺母是否拧紧，并经试转后使用，以免砂轮碎裂或飞出伤人。

② 刃磨刀具不能用力过大，否则会使手打滑而触及砂轮面，造成工伤事故。

③ 磨刀时应戴防护眼镜，以免砂粒和铁屑飞入眼中。

④ 磨刀时不要正对砂轮的旋转方向站立，以防发生意外。

⑤ 磨小刀头时，必须把小刀头装入刀杆上。

⑥ 砂轮支架与砂轮的间隙不得大于 3mm，如间隙过大，应调整适当。

3.3.5　车刀的安装

车刀必须正确牢固地安装在刀架上，如图 3-17 所示。

安装车刀应注意下列几点。

① 刀头不宜伸出太长，否则切削时容易产生震动，影响工件加工精度和表面粗糙度。一般刀头伸出长度不超过刀杆厚度的两倍，能看见刀尖车削即可。

② 刀尖应与车床主轴中心线等高。车刀装得太高，后角减小，则车刀的主后面会与工件产生强烈的摩擦；如果装得太低，前角减小，切削不顺利，会使刀尖崩碎。刀尖的高低，可根据尾座顶尖高低来调整。车刀的安装如图 3-17（a）所示。

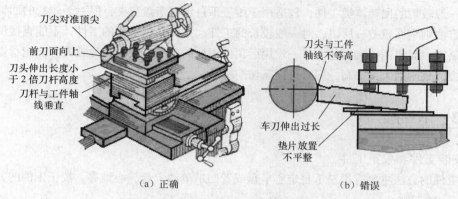

（a）正确   （b）错误

图 3-17   车刀的安装

③ 车刀底面的垫片要平整，并尽可能用厚垫片，以减少垫片数量。调整好刀尖高低后，至少要用两个螺钉交替将车刀拧紧。

3.4   车外圆、端面和台阶

3.4.1   三爪自定心卡盘安装工件

1. 用三爪自定心卡盘安装工件

三爪自定心卡盘的结构如图 3-18（a）所示，当用卡盘扳手转动小锥齿轮时，大锥齿轮也随之转动，在大锥齿轮背面平面螺纹的作用下，使三个爪同时向心移动或退出，以夹紧或松开工件。它的特点是对中性好，自动定心精度可达到 0.05～0.15mm。可以装夹直径较小的工件，如图 3-18（b）所示。当装夹直径较大的外圆工件时可用三个反爪进行，如图 3-18（c）所示。但三爪自定心卡盘由于夹紧力不大，所以一般只适宜于重量较轻的工件。当重量较重的工件进行装夹时，宜用四爪单动卡盘或其他专用夹具。

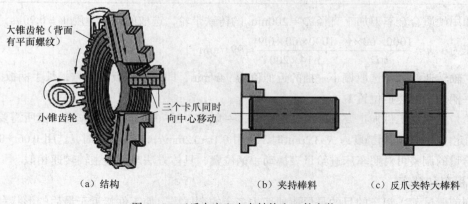

（a）结构   （b）夹持棒料   （c）反爪夹特大棒料

图 3-18   三爪自定心卡盘结构和工件安装

2. 用一夹一顶安装工件

对于一般较短的回转体类工件，较适用于用三爪自定心卡盘装夹，但对于较长的回转体类工件，用此方法则刚性较差。所以，对一般较长的工件，尤其是较重要的工件，不能直接用三爪自定心卡盘装夹，而要用一端夹住，另一端用后顶尖顶住的装夹方法。这种装夹方法能承受较大的轴向切削力，且刚性大大提高，同时可提高切削用量。

3.4.2 车外圆

1. 安装工件和校正工件

安装工件的方法主要有用三爪自定心卡盘或者四爪单动卡盘、心轴等。校正工件的方法有划针或者百分表校正。

2. 选择车刀

直头车刀（尖刀）的形状简单，主要用于粗车外圆；弯头车刀不但可以车外圆，还可以车端面，加工台阶轴和细长轴则常用偏刀。

3. 调整车床

车床的调整包括主轴转速和车刀的进给量。

主轴的转速是根据切削速度计算选取的。而切削速度的选择则和工件材料、刀具材料以及工件加工精度有关。用高速钢车刀车削时，$V = 0.3 \sim 1 \text{m/s}$；用硬质合金刀时，$V = 1 \sim 3 \text{m/s}$。车硬度高的钢比车硬度低的钢转速低一些。根据选定的切削速度计算出车床主轴的转速，再对照车床主轴转速铭牌，选取车床上最近似计算值而偏小的一挡，然后按表 3-3 的手柄要求，扳动手柄即可。但特别要注意的是必须在停车状态下扳动手柄。

表 3-3 　　　　　　　　　　　　　C6132 型车床主轴转数铭牌

手 柄 位 置		I 长 手 柄			II 长 手 柄		
		↖	↑	↗	↖	↑	↗
短手柄	↖	45	66	94	360	530	750
	↗	120	173	248	958	1380	1980

例如用硬质合金车刀加工直径 $D = 200 \text{mm}$ 的铸铁带轮，选取的切削速度 $V = 0.9 \text{m/s}$，计算主轴的转速为：$n = \dfrac{1000 \times 60 \times v}{\pi D} = \dfrac{1000 \times 60 \times 0.9}{3.14 \times 200} \approx 99 \text{ r/min}$

从主轴转速铭牌中选取偏小一挡的近似值为 94r/min，即短手柄扳向左方，长手柄扳向右方，主轴箱手柄放在低速挡位置 I。

进给量是根据工件加工要求确定。粗车时，一般取 0.2 ~ 0.3mm/r；精车时，由所需要的表面粗糙度而定。例如表面粗糙度为 $Ra3.2 \mu\text{m}$ 时，选用 0.1 ~ 0.2mm/r；$Ra1.6 \mu\text{m}$ 时，选用 0.06 ~ 0.12mm/r 等。进给量的调整可对照车床进给量表扳动手柄位置，具体方法与调整主轴转速相似。

4. 粗车和精车

车削前要试刀。粗车的目的是尽快地切去多余的金属层，使工件接近于最后的形状和尺寸。粗车后应留下 0.5 ~ 1mm 的加工余量。

精车是切去余下少量的金属层以获得零件所求的精度和表面粗糙度，因此背吃刀量较小，为0.1～0.2mm，切削速度则可用较高或较低速，初学者可用较低速。为了提高工件表面粗糙度，用于精车的车刀的前、后刀面应采用油石加机油磨光，有时刀尖磨成一个小圆弧。

为了保证加工的尺寸精度，应采用试切法车削。试切法的步骤如图 3-19 所示。

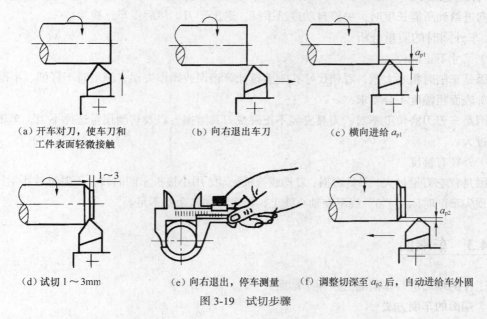

（a）开车对刀，使车刀和　　　（b）向右退出车刀　　　　（c）横向进给 a_{p1}
　　　工件表面轻微接触

（d）试切 1～3mm　　　　（e）向右退出，停车测量　　（f）调整切深至 a_{p2} 后，自动进给车外圆

图 3-19　试切步骤

5. 刻度盘的原理和应用

车削工件时，为了正确迅速地控制背吃刀量，可以利用中拖板上的刻度盘。中拖板刻度盘安装在中拖板丝杠上。当摇动中拖板手柄带动刻度盘转一周时，中拖板丝杠 也转了一周。这时，固定在中拖板上与丝杠配合的螺母沿丝杠轴线方向移动了一个螺距。因此，安装在中拖板上的刀架也移动了一个螺距。如果中拖板丝杠螺距为 4mm，当手柄转一周时，刀架就横向移动 4mm。若刻度盘圆周上等分 200 格，则当刻度盘转过一格时，刀架就移动了 0.02mm。

使用中拖板刻度盘控制背吃刀量时应注意的事项如下。

①由于丝杠和螺母之间有间隙存在，因此会产生空行程（即刻度盘转动，而刀架并未移动）。使用时必须慢慢地把刻度盘转到所需要的位置（见图 3-20（a））。若不慎多转过几格，不能简单地退回几格（见图 3-20（b）），必须向相反方向退回全部空行程，再转到所需位置（见图 3-20（c））。

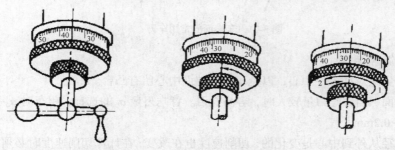

（a）要求手柄转至 30，但摇过头成 40　　（b）错误：直接退至 30　　（c）正确：反转约一周后，再转至 30

图 3-20　手柄摇过头后的纠正方法

② 由于工件是旋转的,使用中拖板刻度盘时,车刀横向进给后的切除量刚好是背吃刀量的两倍,因此要注意当工件外圆余量测得后,中拖板刻度盘控制的背吃刀量是外圆余量的 1/2,而小拖板的刻度值,则直接表示工件长度方向的切除量。

6. 纵向进给

纵向进给到所需长度时,关停自动进给手柄,退出车刀,然后停车,检验。

7. 车外圆时的质量分析

(1)尺寸不正确

原因是车削时粗心大意,看错尺寸;刻度盘计算错误或操作失误;测量时不仔细、不准确。

(2)表面粗糙度不合要求

原因是车刀刃磨角度不对;刀具安装不正确或刀具磨损,以及切削用量选择不当;车床各部分间隙过大。

(3)外径有锥度

原因是背吃刀量过大,刀具磨损;刀具或拖板松动;用小拖板车削时转盘下基准线不对准"0"线;两顶尖车削时床尾"0"线不在轴心线上;精车时加工余量不足。

3.4.3 车端面

对工件的端面进行车削的方法叫车端面。

(1)端面的车削方法

车端面时,刀具的主切削刃要与端面有一定的夹角。工件伸出卡盘外部分应尽可能短些,车削时用中拖板横向走刀,走刀次数根据加工余量而定,可采用自外向中心走刀,也可以采用自圆中心向外走刀的方法。

常用端面车削时的几种情况如图 3-21 所示。

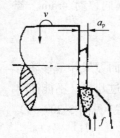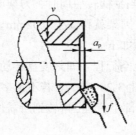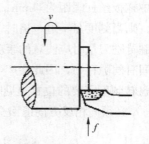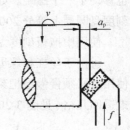

图 3-21　车端面的常用车刀

(2)车端面的注意事项

① 车刀的刀尖应对准工件中心,以免车出的端面中心留有凸台。

② 偏刀车端面,当背吃刀量较大时,容易扎刀。背吃刀量 a_p 的选择:粗车时 a_p=0.2～1mm,精车时 a_p = 0.05～0.2mm。

③ 端面的直径从外到中心是变化的,切削速度也在改变,在计算切削速度时必须按端面的最大直径计算。

④ 车直径较大的端面,若出现凹心或凸肚时,应检查车刀和方刀架,以及大拖板是否锁紧。

（3）车端面的质量分析

① 端面不平，产生凸凹现象或端面中心留"小头"。原因时车刀刃磨或安装不正确、刀尖没有对准工件中心、背吃刀量过大、车床有间隙拖板移动等。

② 表面粗糙度差。原因是车刀不锋利、手动走刀摇动不均匀或太快、自动走刀切削用量选择不当等。

3.4.4 车台阶

车削台阶的方法与车削外圆基本相同，但在车削时应兼顾外圆直径和台阶长度两个方向的尺寸要求，还必须保证台阶平面与工件轴线的垂直度要求。

车高度在 5mm 以下的台阶时，可用主偏角为 90°的偏刀在车外圆时同时车出；车高度在 5 mm以上的台阶时，应分层进行切削，如图 3-22 所示。

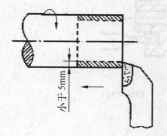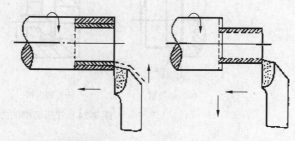

图 3-22 台阶的车削

台阶长度尺寸的控制方法如下。

① 台阶长度尺寸要求较低时可直接用大拖板刻度盘控制。

② 台阶长度可用钢直尺或样板确定位置，如图 3-23（a）、图 3-23（b）所示。

车削时先用刀尖车出比台阶长度略短的刻痕作为加工界线，台阶的准确长度可用游标卡尺或深度游标卡尺测量。

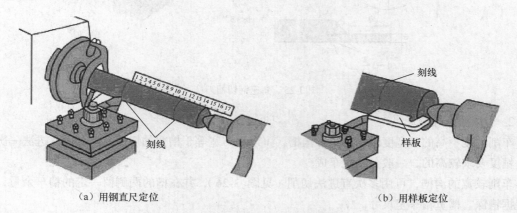

（a）用钢直尺定位   （b）用样板定位

图 3-23 台阶长度尺寸的控制方法

③ 台阶长度尺寸要求较高且长度较短时，可用小滑板刻度盘控制其长度。

车台阶的质量分析如下。

① 台阶长度不正确，不垂直，不清晰。原因是操作粗心，测量失误，自动走刀控制不当，刀尖不锋利，车刀刃磨或安装不正确。

② 表面粗糙度差。原因是车刀不锋利，手动走刀不均匀或太快，自动走刀切削用量选择不当。

3.5 切槽、切断、车成形面和滚花

3.5.1 切槽

在工件表面上车沟槽的方法叫切槽，槽的形状有外槽、内槽和端面槽，如图 3-24 所示。

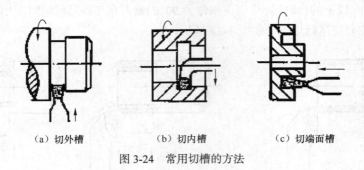

（a）切外槽　　　　　（b）切内槽　　　　　（c）切端面槽

图 3-24　常用切槽的方法

1. 切槽刀的选择
常选用高速钢切槽刀切槽，切槽刀的几何形状和角度如图 3-25 所示。

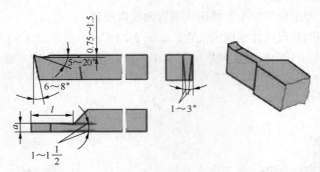

图 3-25　高速钢切槽刀

2. 切槽的方法
车削精度不高的和宽度较窄的矩形沟槽，可以用刀宽等于槽宽的切槽刀，采用直进法一次车出。精度要求较高的，一般分两次车成。

车削较宽的沟槽，可用多次直进法切削（见图 3-26），并在槽的两侧留一定的精车余量，然后根据槽深、槽宽精车至尺寸。

车削较小的圆弧形槽，一般用成形车刀车削。较大的圆弧槽，可用双手联动车削，用样板检查修整。

车削较小的梯形槽，一般用成形车刀完成；较大的梯形槽，通常先车直槽，然后用梯形刀直进法或左右切削法完成。

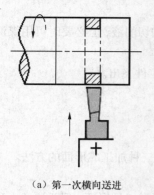 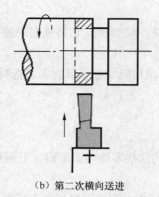 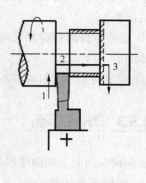

（a）第一次横向送进　　　　　（b）第二次横向送进　　　　（c）最后一次横向送进后
再以纵向送进精车槽底

图 3-26　切宽槽

3.5.2　切断

切断要用切断刀。切断刀的形状与切槽刀相似，但因刀头窄而长，很容易折断。常用的切断方法有直进法和左右借刀法两种，如图 3-27 所示。直进法常用于切断铸铁等脆性材料，左右借刀法常用于切断钢等塑性材料。

切断时应注意以下几点。

① 切断一般在卡盘上进行，如图 3-28 所示。工件的切断处应距卡盘近些，避免在顶尖安装的工件上切断。

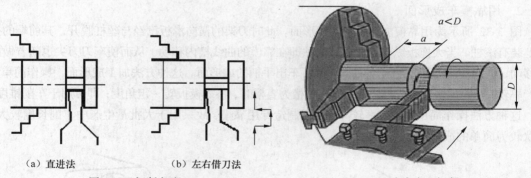

（a）直进法　　　　　（b）左右借刀法

图 3-27　切断方法　　　　　　　　　　图 3-28　在卡盘上切断

② 切断刀刀尖必须与工件中心等高，否则切断处将剩有凸台，且刀头也容易损坏（见图 3-29）。

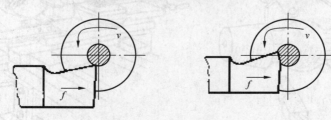

（a）车刀安装过低　　　　　（b）车刀安装过高

图 3-29　切断刀刀尖必须与工件中心等高

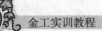

③ 切断刀伸出刀架的长度不要过长，进给要缓慢均匀。即将切断时，必须放慢进给速度，以免刀头折断。

④ 切断钢件时需要加切削液进行冷却润滑。切铸铁时一般不加切削液，但必要时可用煤油进行冷却润滑。

⑤ 两顶尖工件切断时，不能直接切到中心，以防车刀折断，工件飞出。

3.5.3　车成形面

表面轴向剖面呈现曲线形特征的这些零件叫成形面。下面介绍三种加工成形面的方法。

1. 样板刀车成形面

图 3-30 为车圆弧的样板刀。用样板刀车成形面其加工精度主要靠刀具保证，但要注意由于切削时接触面较大，切削抗力也大，易出现震动和工件移位。因此切削力要小些，工件必须夹紧。图 3-31 所示为用圆头刀车削成形面。

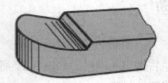

图 3-30　车圆弧的样板刀

这种方法生产效率高，但刀具刃磨较困难，车削时容易震动。故只用于批量较大的生产中，车削刚性好、长度较短且较简单的成形面。

2. 用靠模车成形面

图 3-32 所示为用靠模加工手柄的成形面。此时刀架的横向滑板已经与丝杠脱开，其前端的拉杆上装有滚柱。当大拖板纵向走刀时，滚柱即在靠模的曲线槽内移动，从而使车刀刀尖也随着做曲线移动，同时用小刀架控制背吃刀量，即可车出手柄的成形面。这种方法加工成形面，操作简单，生产率较高，因此多用于成批生产。靠模的槽为直槽时，将靠模扳转一定角度，即可用于车削锥度。

这种方法操作简单，生产率较高，但需制造专用靠模，故只用于大批量生产中车削长度较大、形状较为简单的成形面。

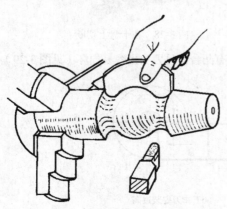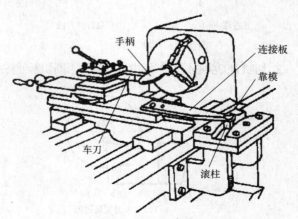

图 3-31　用圆头刀车削成形面　　　　图 3-32　用靠模车成形面

3. 双手控制法车成形面

单件加工成形面时，通常采用双手控制法车削成形面，即双手同时摇动小滑板手柄和中滑板手柄，并通过双手协调的动作，使刀尖走过的轨迹与所要求的成形面曲线相仿，如图 3-33 所示。

这种操作技术灵活、方便。不需要其他辅助工具，但需要较高的技术水平。多用于单件、小批生产。

图 3-33　用双手控制纵、横向进给车成形面

3.5.4　滚花

在车床上用滚花刀滚花。

为了便于握持和增加美观，各种工具和机器零件的手握部分常在表面上滚出各种不同的花纹，如百分尺的套管、铰杠扳手以及螺纹量规等。这些花纹一般是在车床上用滚花刀滚压而形成的（见图 3-34），花纹有直纹和网纹两种，滚花刀也分直纹滚花刀和网纹滚花刀，如图 3-35 所示。滚花是用滚花刀来挤压工件，使其表面产生塑性变形而形成花纹。滚花的径向挤压力很大，因此加工时，工件的转速要低些。需要充分供给切削液，以免研坏滚花刀和防止细屑滞塞在滚花刀内而产生乱纹。

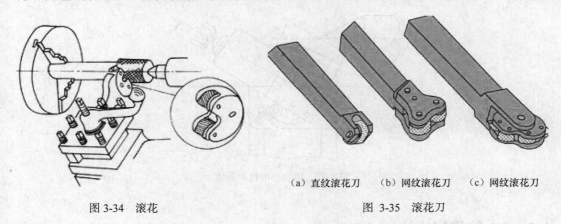

（a）直纹滚花刀　（b）网纹滚花刀　（c）网纹滚花刀

图 3-34　滚花　　　　　　　　　　　　　图 3-35　滚花刀

3.6　车圆锥面

将工件车削成圆锥表面的方法称为车圆锥。常用车削锥面的方法有宽刀法、转动小刀架法、

靠模法、尾座偏移法等几种。

3.6.1 宽刀法

车削较短的圆锥时，可以用宽刃刀直接车出，如图 3-36 所示。其工作原理实质上是属于成形法，所以要求切削刃必须平直，切削刃与主轴轴线的夹角应等于工件 圆锥半角 α。同时要求车床有较好的刚性，否则易引起震动。当工件的圆锥斜面长度大于切削刃长度时，可以用多次接刀方法加工，但接刀处必须平整。

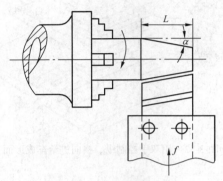

图 3-36　用宽刃刀车削圆锥

3.6.2 转动小刀架法

当加工锥面不长的工件时，可用转动小刀架法车削。车削时，将小滑板下面转盘上的螺母松开，把转盘转至所需要的圆锥半角 α 的刻线上，与基准零线对齐，然后固定转盘上的螺母，如果锥角不是整数，可在锥附近估计一个值，试车后逐步找正，如图 3-37 所示。

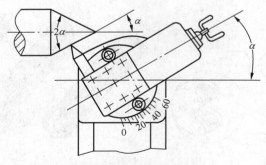

图 3-37　转动小滑板车圆锥

3.6.3 偏移尾座法

当车削锥度小，锥形部分较长的圆锥面时，可以用偏移尾座的方法，此方法可以自动走刀，缺点是不能车削整圆锥和内锥体，以及锥度较大的工件。将尾座上的滑板横向偏移一个距离 s，使偏位后两顶尖连线与原来两顶尖中心线相交一个 α 角度，尾座的偏向取决于工件大小头在两顶尖间的加工位置。尾座的偏移量与工件的总长有关，如图
3-38 所示，尾座偏移量可用下列公式计算：

$$s = \frac{D-d}{2l}L$$

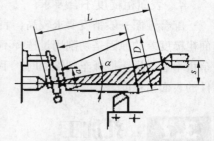

式中　s——尾座偏移量；

　　　l——工件锥体部分长度；

　　　L——工件总长度；

　D、d——锥体大头直径和锥体小头直径。

图 3-38　偏移尾座法车削圆锥

床尾的偏移方向，由工件的锥体方向决定。当工件的小端靠近床尾处，床尾应向里移动；反之，床尾应向外移动。

3.6.4　靠模法

如图 3-39 所示，靠模板装置是车床加工圆锥面的附件。对于较长的外圆锥和圆锥孔，当其精度要求较高而批量又较大时常采用这种方法。

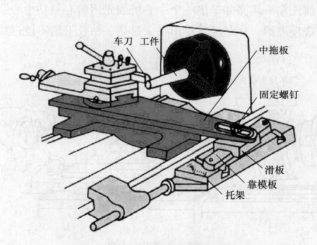

图 3-39　用靠模板车削圆锥面

车圆锥体的质量分析如下。

1. 锥度不准确

原因是计算上的误差；小拖板转动角度和床尾偏移量偏移不精确；或者是车刀、拖板、床尾没有固定好，在车削中移动而造成。甚至因为工件的表面粗糙度太差，量规或工件上有毛刺或没有擦干净，而造成检验和测量的误差。

2. 锥度准确而尺寸不准确

原因是粗心大意，测量不及时不仔细，背吃刀量控制不好，尤其是最后一刀没有掌握好背吃刀量而造成误差。

3. 圆锥母线不直

圆锥母线不直是指锥面不是直线，锥面上产生凹凸现象或是中间低、两头高。主要原因是车

刀安装没有对准中心。

4. 表面粗糙度不合要求

配合锥面一般精度要求较高，表面粗糙度不高，往往会造成废品，因此一定要注意。造成表面粗糙度差的原因是切削用量选择不当，车刀磨损或刃磨角度不对。没有进行表面抛光或者抛光余量不够。用小拖板车削锥面时，手动走刀不均匀，另外机床的间隙大，工件刚性差也会影响工件的表面粗糙度。

3.7 孔加工

车床上可以用钻头、镗刀、扩孔钻头、铰刀进行钻孔、镗孔、扩孔和铰孔。下面介绍钻孔和镗孔的方法。

3.7.1 钻孔

利用钻头将工件钻出孔的方法称为钻孔。钻孔的公差等级为 IT10 级以下，表面粗糙度为 $Ra12.5\mu m$，多用于粗加工孔。在车床上钻孔如图 3-40 所示，工件装夹在卡盘上，钻头安装在尾座套筒锥孔内。钻孔前先车平端面并车出一个中心坑或先用中心钻钻中心孔作为引导。钻孔时，摇动尾座手轮使钻头缓慢进给，注意经常退出钻头排屑。钻孔进给不能过猛，以免折断钻头。钻钢料时应加切削液。

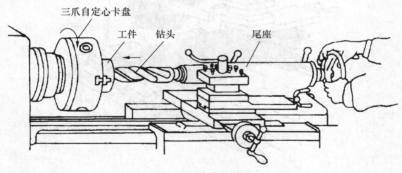

图 3-40 车床上钻孔

钻孔注意事项如下。

① 起钻时进给量要小，待钻头头部全部进入工件后，才能正常钻削。

② 钻钢件时，应加切削液，防止因钻头发热而退火。

③ 钻小孔或钻较深孔时，由于铁屑不易排出，必须经常退出排屑，否则会因铁屑堵塞而使钻头"咬死"或折断。

④ 钻小孔时，车头转速应选择快些，钻头的直径越大，钻速应相应变慢。

⑤ 当钻头将要钻通工件时，由于钻头横刃首先钻出，因此轴向阻力大减，这时进给速度必须减慢，否则钻头容易被工件卡死，造成锥柄在尾座套筒内打滑而损坏锥柄和锥孔。

3.7.2　镗孔

在车床上对工件的孔进行车削的方法叫镗孔（又叫车孔），镗孔可以作粗加工，也可以作精加工。镗孔分为镗通孔和镗不通孔，如图 3-41 所示。镗通孔基本上与车外圆相同，只是进刀和退刀方向相反。粗镗和精镗内孔时也要进行试切和试测，其方法与车外圆相同。注意通孔镗刀的主偏角为 45°～75°，不通孔车刀主偏角为大于 90°。

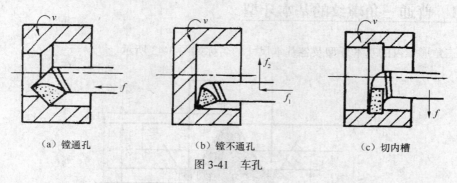

（a）镗通孔　　　　（b）镗不通孔　　　　（c）切内槽

图 3-41　车孔

3.7.3　车内孔时的质量分析

1. 尺寸精度达不到要求

（1）孔径大于要求尺寸

原因是镗孔刀安装不正确，刀尖不锋利，小拖板下面转盘基准线未对准"0"线，孔偏斜、跳动，测量不及时。

（2）孔径小于要求尺寸

原因是刀杆细造成"让刀"现象，塞规磨损或选择不当，铰刀磨损以及车削温度过高。

2. 几何精度达不到要求

（1）内孔成多边形

原因是车床齿轮咬合过紧，接触不良，车床各部间隙过大造成的，薄壁工件装夹变形也会使内孔呈多边形。

（2）内孔有锥度

原因是主轴中心线与导轨不平行，使用小拖板时基准线不对，切削量过大或刀杆太细造成"让刀"现象。

（3）表面粗糙度达不到要求

原因是刀刃不锋利，角度不正确，切削用量选择不当，切削液不充分。

3.8　车螺纹

将工件表面车削成螺纹的方法称为车螺纹。螺纹按牙型分有三角形螺纹、梯形螺纹、方牙螺纹等（见图 3-42）。其中普通米制三角形螺纹应用最广。

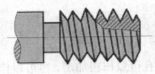（a）三角形螺纹　　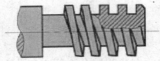（b）方牙螺纹　　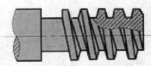（c）梯形螺纹

图 3-42　螺纹的种类

3.8.1　普通三角螺纹的基本牙型

普通三角形螺纹的基本牙型及各基本尺寸的名称如图 3-43 所示。

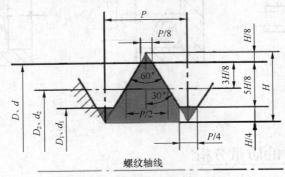

图 3-43　普通三角形螺纹基本牙型

D—内螺纹大径（公称直径）　d—外螺纹大径（公称直径）　D_2—内螺纹中径　d_2—外螺纹中径
D_1—内螺纹小径　d_1—外螺纹小径　P—螺距　H—原始三角形高度

螺纹的基本要素有 3 个。

（1）螺距 P

它是沿轴线方向上相邻两牙间对应点的距离。

（2）牙型角 α

螺纹轴向剖面内螺纹两侧面的夹角。

（3）螺纹中径 D_2（d_2）

母线通过牙型上凸起和沟槽两者宽度相等的假想圆柱体直径。在中径处的螺纹牙厚和槽宽相等。只有内外螺纹中径都一致时，两者才能很好地配合。

3.8.2　车削外螺纹的方法与步骤

1. 准备工作

① 安装螺纹车刀时，车刀的刀尖角等于螺纹牙型角 $\alpha=60°$，其前角 $\gamma_o=0°$ 才能保证工件螺纹的牙型角，否则牙型角将产生误差。只有粗加工时或螺纹精度要求不高时，其前角可取 $\gamma_o=5°\sim20°$。安装螺纹车刀时刀尖对准工件中心，并用样板对刀，以保证刀尖角的角平分线与工件的轴线相垂直，车出的牙型角才不会偏斜，如图 3-44 所示。

② 按螺纹规格车螺纹外圆，并按所需长度刻出螺纹长度终止线。先将螺纹外径车至尺寸，然后用刀尖在工件上的螺纹终止处刻一条微可见线，以它作为车螺纹的退刀标记。

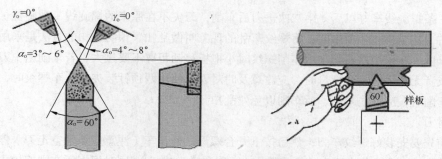

图 3-44　螺纹车刀几何角度与用样板对刀

③ 根据工件的螺距 P，查机床上的铭牌，然后调整进给箱上手柄位置及配换挂轮箱齿轮的齿数以获得所需要的工件螺距。

④ 确定主轴转速。初学者应将车床主轴转速调到最低速。

2. 车螺纹的方法和步骤（见图 3-45）

① 确定车螺纹的起始位置，将中滑板刻度调到零位，开车，使刀尖轻微接触工件表面，然后迅速将中滑板刻度调至零位，以便于进刀记数。

② 试切第一条螺旋线并检查螺距。将床鞍摇至离工件端面 8～10 牙处，横向进刀 0.05mm 左右。开车，合上开合螺母，在工件表面车出一条螺旋线，至螺纹终止线处退出车刀，开反车把车刀退到工件右端；停车，用钢直尺检查螺距是否正确。

③ 用刻度盘调整背吃刀量，开车切削。螺纹的总背吃刀量 a_p 与螺距的关系按经验公式 $a_p \approx 0.65P$，每次的背吃刀量 0.1mm 左右。

④ 车刀将至终点时，应做好退刀停车准备，先快速退出车刀，然后开反车退出刀架。

⑤ 再次横向进刀，继续切削至车出正确的牙型。

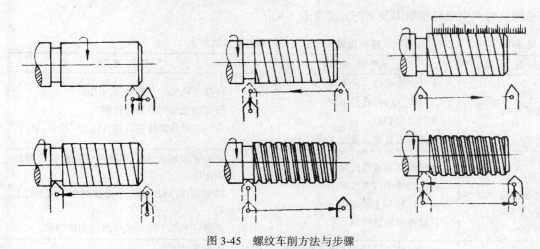

图 3-45　螺纹车削方法与步骤

3.8.3　螺纹车削注意事项

（1）注意和消除拖板的"空行程"

（2）避免"乱扣"

当第一条螺旋线车好以后，第二次进刀后车削，刀尖不在原来的螺旋线（螺旋桩）中，而是偏左或偏右，甚至车在牙顶中间，将螺纹车乱的现象叫做乱扣。预防乱扣的方法是采用倒顺（正反）车法车削。在采用左右切削法车削螺纹时小拖板移动距离不要过大，若车削途中刀具损坏需重新换刀或者无意提起开合螺母时，应注意及时对刀。使用两顶针装夹方法车螺纹时，工件卸下后再重新车削时，应该先对刀、后车削以免"乱扣"。

（3）对刀

对刀前先要安装好螺纹车刀，然后按下开合螺母，开正车（注意应该是空走刀）停车，移动中、小拖板使刀尖准确落入原来的螺旋槽中（不能移动大拖板），同时根据所在螺旋槽中的位置重新做中拖板进刀的记号，再将车刀退出，开倒车，将车退至螺纹头部，再进刀，对刀时一定要注意是正车对刀。

（4）借刀

借刀就是螺纹车削到一定深度后，将小拖板向前或向后移动一点距离再进行车削，借刀时注意小拖板移动距离不能过大，以免将牙槽车宽造成"乱扣"。

（5）安全注意事项

① 车螺纹前先检查好所有手柄是否处于车螺纹位置，防止盲目开车。

② 车螺纹时要思想集中，动作迅速，反应灵敏。

③ 用高速钢车刀车螺纹时，车头转速不能太快，以免刀具磨损。

④ 要防止车刀或者是刀架、拖板与卡盘、床尾相撞。

⑤ 旋螺母时，应将车刀退离工件，防止车刀将手划破，不要开车旋紧或者退出螺母。

3.8.4 车外螺纹的质量分析

车螺纹时产生废品的原因及预防方法见表3-4。

表3-4　　车削螺纹时产生废品的原因及预防方法

废品种类	产生原因	预防方法
尺寸不正确	车外螺纹前的直径不对 车内螺纹前的孔径不对 车刀刀尖磨损 螺纹车刀背吃刀量过大或过小	根据计算尺寸车削外圆与内孔 经常检查车刀并及时修磨 车削时严格掌握螺纹切入深度
螺纹不正确	挂轮在计算或搭配时错误 进给箱手柄位置放错 车床丝杠和主轴窜动 开合螺母塞铁松动	车削螺纹时先车出很浅的螺旋线检查螺距是否正确 调整好开合螺母塞铁，必要时在手柄上挂上重物 调整好车床主轴和丝杠的轴向窜动量
牙形不正确	车刀安装不正确，产生半角误差 车刀刀尖角刃磨不正确 刀具磨损	用样板对刀 正确刃磨和测量刀尖角 合理选择切削量和及时修磨车刀
扎刀和顶弯工件	车刀径向前角太大 工件刚性差，而切削用量选择太大	减小车刀径向前角，调整中滑板丝杆螺母间间隙 合理选择切削用量，增加工件装夹刚性

续表

废品种类	产生原因	预防方法
螺纹表面不光洁	切削用量选择不当 切屑流出方向不对 产生积屑瘤拉毛螺纹侧面 刀杆刚性不够产生震动	高速钢车刀车螺纹的切削速度不能太大, 切削厚度应小于 0.06, 并加切削液 硬质合金车刀高速车螺纹时, 最后一刀的切削厚度要大于 0.1mm, 切屑要垂直于轴心线方向排出 刀杆不能伸出过长, 并选择强度较高的刀杆

3.9 车床附件及其使用方法

附件是用来支撑、装夹工件的装置, 通常称夹具。使用件(夹具)的技术经济效果十分显著。其作用可归纳如下。

① 可扩大机床的工作范围。由于工件的种类很多, 而机床的种类和台数有限, 采用不同夹具, 可实现一机多能, 提高机床的利用率。

② 可使工件质量稳定。采用夹具后, 工件各个表面的相互位置由夹具保证, 比划线找正所达到的加工精度高, 而且能使同一批工件的定位精度、加工精度基本一致, 因此, 工件互换性高。

③ 提高生产率, 降低成本。采用夹具一般可以简化工件的安装工作, 从而可减少安装工件所需的辅助时间。同时, 采用夹具可使工件安装稳定, 提高工件加工时的刚度, 可加大切削用量, 减少机动时间, 提高生产率。

④ 改善劳动条件。用夹具安装工件方便、省力、安全, 不仅改善了劳动条件, 而且降低了对工人技术水平的要求。

3.9.1 用四爪单动卡盘安装工件

四爪单动卡盘的外形如图 3-46(a)所示, 它的 4 个爪通过 4 个螺杆独立移动。其特点是能装夹形状比较复杂的非回转体如方形、长方形等, 而且夹紧力大。由于其装夹后不能自动定心, 所以装夹效率较低, 装夹时必须用划线盘或百分表找正, 使工件回转中心与车床主轴中心对齐, 如图 6-46(c)所示为用百分表找正外圆的示意图。

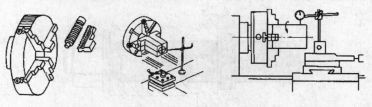

(a)四爪单动卡盘　　　(b)划线找正　　　(c)用百分表找正

图 3-46　用四爪单动卡盘装夹工件

3.9.2 用顶尖安装工件

对同轴度要求比较高且需要掉头加工的轴类工件, 常用双顶尖装夹工件, 如图 3-47 所示。其

前顶尖为普通顶尖，装在主轴孔内，并随主轴一起转动，后顶尖为活顶尖装在尾座套筒内。工件利用中心孔被顶在前后顶尖之间，并通过拨盘和卡箍随主轴一起转动。

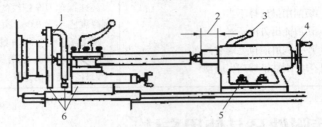

图 3-47　用顶尖安装工件

1—夹紧零件　2—调整套筒伸出长度　3—锁紧套筒　4—调整零件在顶尖间的松紧度　5—固定尾座
6—刀架移到工件左端，用手转动拨盘，检查是否碰撞

用顶尖安装工件应注意以下问题。

① 卡箍上的支撑螺钉不能支撑得太紧，以防工件变形。

② 由于靠卡箍传递扭矩，所以车削工件的切削用量要小。

③ 钻两端中心孔时，要先用车刀把端面车平，再用中心钻钻中心孔。

④ 安装拨盘和工件时，首先要擦净拨盘的内螺纹和主轴端的外螺纹，把拨盘拧在主轴上，再把轴的一端装在卡箍上。最后在双顶尖中间安装工件。

3.9.3　用心轴安装工件

当以内孔为定位基准，并能保证外圆轴线和内孔轴线的同轴度要求，此时用心轴定位，工件以圆柱孔定位常用圆柱心轴和小锥度心轴；对于带有锥孔、螺纹孔、花键孔的工件定位，常用相应的锥体心轴，螺纹心轴和花键心轴。

圆柱心轴是以外圆柱面定心、端面压紧来装夹工件的，如图 3-48 所示。心轴与工件孔一般用 H7/h6、H7/g6 的间隙配合，所以工件能很方便地套在心轴上。但由于配合间隙较大，一般只能保证同轴度 0.02mm 左右。为了消除间隙，提高心轴定位精度，心轴可以做成锥体，但锥体的锥度很小，否则工件在心轴上会产生歪斜，如图 3-49（a）所示。常用的锥度为 C=1/5000～1/1000。定位时，工件楔紧在心轴上，楔紧后孔会产生弹性变形如图 3-49（b）所示，从而使工件不致倾斜。

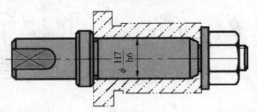

图 3-48　在圆柱心轴上定位

小锥度心轴的优点是靠楔紧产生的摩擦力带动工件，不需要其他夹紧装置，定心精度高，可达 0.005～0.01mm。缺点是工件的轴向无法定位。

当工件直径不太大时，可采用锥度心轴（锥度 1:2000～1:1000）。工件套入压紧、靠摩擦力与心轴固紧。锥度心轴对中准确、加工精度高、装卸方便，但不能承受过大的力矩。

64

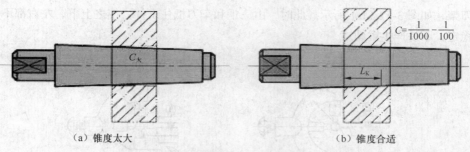

$$C_大$$

$$C=\frac{1}{1000}-\frac{1}{100}$$

$$L_K$$

（a）锥度太大   （b）锥度合适

图 3-49　圆锥心轴安装工件的接触情况

当工件直径较大时，则应采用带有压紧螺母的圆柱形心轴。它的夹紧力较大，但对中精度较锥度心轴低。

3.9.4　中心架和跟刀架的使用

当工件长度与直径之比大于 25（$L/d>25$）时，由于工件本身的刚性变差，在车削时，工件受切削力、自重和旋转时离心力的作用，会产生弯曲、震动，严重影响其圆柱度和表面粗糙度，同时，在切削过程中，工件受热伸长产生弯曲变形，车削很难进行，严重时会使工件在顶尖间卡住。此时需要用中心架或跟刀架来支撑工件。

1. 用中心架支撑车细长轴

一般在车削细长轴时，用中心架来增加工件的刚性，当工件可以进行分段切削时，中心架支撑在工件中间，如图 3-50 所示。在工件装上中心架之前，必须在毛坯中部车出一段支撑中心架支撑爪的沟槽，其表面粗糙度及圆柱度误差要小，并在支撑爪与工件接触处经常加润滑油。为提高工件精度，车削前应将工件轴线调整到与机床 主轴回转中心同轴。当车削支撑中心架的沟槽比较困难或一些中段不需加工的细长轴时，可用过渡套筒，使支撑爪与过渡套筒的外表面接触，过渡套筒的两端各装有 4 个螺钉，用这些螺钉夹住毛坯表面，并调整套筒外圆的轴线与主轴旋转轴线相重合。

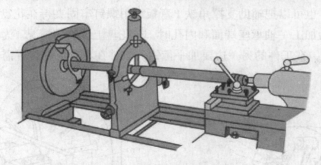

图 3-50　用中心架支撑车削细长轴

2. 用跟刀架支撑车细长轴

对不适宜掉头车削的细长轴，不能用中心架支撑，而要用跟刀架支撑进行车削，以增加工件的刚性，如图 3-51 所示。跟刀架固定在床鞍上，一般有两个支撑爪，它可以跟随车刀移动，抵消径向切削力，提高车削细长轴的形状精度和减小表面粗糙度，如图 3-51（a）所示为两爪跟刀架，因为车刀给工件的切削抗力 F'_t，使工件贴在跟刀架的两个支撑爪上，但由于工件本身的向下重力，以及偶然的弯曲，车削时会瞬时离开支撑爪、接触支撑爪时产生震动。所以比较理想的跟刀架为三爪跟刀架，如图 3-51（b）所示。此时，由三爪和车刀抵住工件，使之上下、左右都不能移动，车削时稳定，不易产生震动。

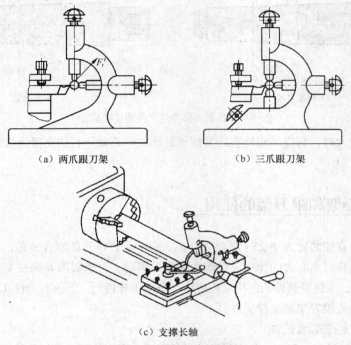

（a）两爪跟刀架 　　　　　　　　　　（b）三爪跟刀架

（c）支撑长轴

图 3-51　跟刀架支撑长轴

3.9.5　用花盘、弯板及压板、螺栓安装工件

形状不规则无法使用三爪自定心卡盘或四爪单动卡盘装夹的工件，可用花盘装夹。花盘是安装在车床主轴上的一个大圆盘，盘面上的许多长槽用以穿放螺栓，工件可用螺栓直接安装在花盘上，如图 3-52 所示。也可以把辅助支撑角铁（弯板）用螺钉牢固夹持在花盘上，工件则安装在弯板上。图 3-53 所示为加工一轴承座端面和内孔时，在花盘上装夹的情况。为了防止转动时因重心偏向一边而产生振动，在工件的另一边要加平衡铁。工件在花盘上的位置需仔细找正。

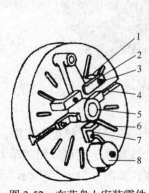

图 3-52　在花盘上安装零件

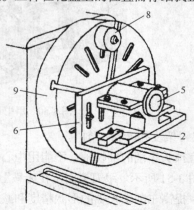

图 3-53　在花盘上用弯板安装零件

1—垫铁　2—压板　3—压板螺钉　4—T 形槽　5—工件　6—弯板　7—可调螺钉　8—配重铁　9—花盘

3.10 零件车削工艺

为了进行科学的管理，在生产过程中，常把合理的工艺过程中的各项内容编写成文件来指导生产。这类规定产品或零部件制造工艺过程和操作方法等的工艺文件叫工艺规程。一个零件可以用几种不同的加工方法制造，但在一定条件下只有某一种方法是较合理的。一般主轴类零件的加工工艺路线为：下料—锻造—退火（正火）—粗加工—调质—半精加工—淬火—粗磨—低温时效—精磨。

如图 3-54 所示的传动轴，由外圆、轴肩、螺纹及螺纹退刀槽、砂轮越程槽等组成。中间一挡外圆及轴肩一端面对两端轴颈有较高的位置精度要求，且外圆的表面粗糙度 Ra 值为 0.4～0.8μm，此外，该传动轴与一般重要的轴类零件一样，为了获得良好的综合力学性能，需要进行调质处理。

轴类零件中，对于光轴或在直径相差不大的台阶轴，多采用圆钢为坯料；对于直径相差悬殊的台阶轴，采用锻件可节省材料和减少机加工工时。因该轴各外圆直径尺寸悬殊不大，且数量为2 件，可选择 $\phi55$mm 的圆钢为毛坯。

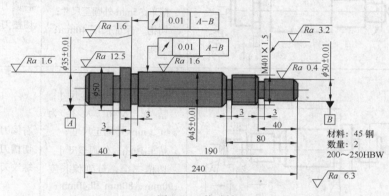

图 3-54 传动轴

根据传动轴的精度和力学性能要求，可确定加工顺序为：粗车—调质—半精车—磨削。

由于粗车时加工余量多，切削力较大，且粗车时各加工面的位置精度要求低，故采用一夹一顶安装工件。如车床上主轴孔较小，粗车 $\phi35$mm 一端时也可只用三爪自定心卡盘装夹粗车后的 $\phi45$mm 外圆；半精车时，为保证各加工面的位置精度，以及与磨削采用统一的定位基准，减少重复定位误差，使磨削余量均匀，保证磨削加工质量，故采用两顶尖安装工件。

传动轴的加工工艺过程见表 3-5。

表 3-5   传动轴加工工艺

序号	工种	加工简图	加工内容	刀具或工具	安装方法
1	下料		下料 $\phi55$mm×245mm		
2	车		夹持 $\phi55$ 外圆；车端面见平，钻中心孔 $\phi2.5$mm；用尾座顶尖顶住工件 粗车外圆 $\phi52$mm×202mm；粗车 $\phi45$mm、$\phi40$mm、$\phi30$mm 各外圆；直径留量 2mm 长度留量 1mm	中心钻右偏刀	三爪自定心卡盘顶尖

序号	工种	加 工 简 图	加 工 内 容	刀具或工具	安装方法
3	车		夹持ϕ47mm 外圆：车另一端面，保证总长240mm；钻中心孔ϕ2.5mm；粗车ϕ35mm 外圆，直径留量2mm，长度留量1mm	中心钻 右偏刀	三爪自定心卡盘
4	热处理		调质 220～250HBW	钳子	
5	车		修研中心孔	四棱顶尖	三爪自定心卡盘
6	车		用卡箍卡 B 端：精车ϕ50mm 外圆至尺寸；精车ϕ35mm 外圆至尺寸；切槽，保证长度 40mm；倒角	右偏刀 切槽刀	双顶尖
7	车		用卡箍卡 A 端：精车ϕ45mm 外圆至尺寸；精车 M40 大径为$\phi40_{-0.2}^{-0.1}$ mm 外圆至尺寸；精车ϕ30mm 外圆至尺寸；切槽三个，分别保长度190mm、80mm 和 40mm；倒角 3 个；车螺纹 M40×1.5mm	右偏刀 切槽刀 螺纹刀	双顶尖
8	磨		外圆磨床，磨ϕ30mm、ϕ45mm 外圆	砂轮	双顶尖

车床安全操作规程

1. 实习学生进入车间必须穿好工作服，并扎紧袖口。女生须戴安全帽。加工硬脆工件或高速切削时，须戴眼镜。

2. 实习学生必须熟悉车床性能，掌握操作手柄的功用，否则不得动用车床。

3. 车床启动前，要检查手柄位置是否正常，手动操作各移动部件有无碰撞或不正常现象，润滑部位要加油润滑。

4. 工件、刀具和夹具都必须装夹牢固，才能切削。

5. 车床主轴变速、装夹工件、紧固螺钉、测量工件、清除切屑或离开车床等都必须停车。

6. 装卸卡盘或装夹重工件时，要有人协助，床面上必须垫木板。

7. 工件转动中，不准手摸或用棉丝擦拭工件，不准用手去清除切屑，不准用手强行刹车。

8. 车床运转不正常、有异声或异常现象、轴承温度过高，要立即停车，并报告指导教师。

9. 工作场地保持整洁，刀具、工具、量具要分别放在规定地方，床面上禁止放各种物品。

10. 工作结束后，应擦净车床并在导轨面上加润滑油。关闭车床电源，拉开墙壁上的电闸。

习题

1. 车削时工件和车刀都要运动，试说明哪些运动是主运动，哪些是进给运动？

2. 什么是切削用量？切削用量三要素是什么？

3. 何种类型的零件应选用车削加工？车削能完成哪些表面加工？一般车削加工所能达到的最高加工精度和最低表面粗糙度是多少？

4. 说明 C6132、C6140 型车床代号的意义。

5. 卧式车床主要由哪几部分组成？各部分有何作用？

6. 试述车刀切削部分的组成。

7. 刀具材料应具备哪些性能？

8. 切削用量的选择原则是什么？

9. 车削加工的基本内容有什么？

10. 车刀按用途和材料如何进行分类？

11. 何谓前角、主后角、主偏角和副偏角？并简述它们的作用及一般取值范围。

12. 常用车刀材料主要有哪几类？牌号是什么？

13. 刃磨和安装车刀时的注意事项是什么？

14. 车外圆时有哪些装夹方法？

15. 车外圆时为何要分为粗车、精车？哪几种形状的车刀适于车外圆及端面？

16. 画图说明用于切削钢材的切断刀合理的几何角度和形状。

17. 车窄槽和宽槽的方法有何不同？如何测量槽深和槽宽尺寸？

18. 切断时，车刀易折断的原因是什么？在操作过程中怎样防止车刀折断？

19. 车床上钻孔与钻床上钻孔有何不同？车床上如何钻孔？

20. 车孔与车外圆相比，在试切方法有何异同点？车孔时，孔的直径和长度有几种测量方法？

21. 车锥度的方法主要有哪几种？

22. 试述转动小刀架法车锥度的优缺点。

23. 已知锥度 $C = 1:10$，试求小刀架应扳转的角度 $\alpha/2$。

24. 已知锥度 $C = 1:10$，工件长度 $L = 100mm$，若采用偏移尾座法车锥度，试求尾座偏移量。

25. 螺纹的 3 个基本要素是什么？在车削中怎样保证三要素符合公差要求？

26. 加工螺纹时，必须满足的运动关系是什么？怎样满足这个运动关系？螺距 $P = 2mm$ 的螺纹如何调整车床？

27. 开合螺母法与正反车法车螺纹的步骤是什么？两者在作用上有何不同？

28. 三角螺纹车刀的前角和刀尖角如何确定？安装螺纹车刀应注意什么？

29. 车削成形面有哪几种方法？各适用于何种场合？

30. 滚花的实质是什么？滚花时切削速度为什么要低？

31. 常用车床附件有哪些？说出其主要特点和应用范围。

32. 刃磨高速钢车刀和刃磨硬质合金车刀时，应选用何种磨料制成的砂轮？

33. 在卧式车床上加工轴类零件的自动走刀过程中，若车床主轴转速由 100r/min 调整到 200r/min，而其他手柄未作变动，试问此时车刀移动是否加快？进给量是否加大？为什么？

34. 在卧式车床上安装外圆车刀时，刀杆伸出长度大约为多少？加大背吃刀量时，刻度盘多转 3 格，如果只退回 3 格，是否可以？为什么？如何处理？

35. 卧式车床上加工孔的方法有哪几种？举出 3 种。

36. 在卧式车床上加工螺纹时，需要有哪几种运动相互配合来完成切削加工？

37. 卧式车床上车削无内孔工件的端面时，车刀为什么一定要对准工件的轴线？

38. 在卧式车床上车削 ϕ45mm 的外圆柱面，选用主轴转速为 600r/min，如用相同的切削速度车 ϕ15mm 的外圆柱面，试问此时主轴应选用多少转？若工件待加工表面直径为 40mm，要一次走刀车削到 ϕ36mm，试求横刀架刻度盘应转过多少格？（横刀架丝杠螺距为 5mm，刻度盘分 100 格。）

39. 说明工件上顶尖孔的作用。

40. 可否用卧式车床丝杠加工光滑的外圆柱表面？可否用光杠加工螺纹？为什么？

41. 说明高速钢车刀和硬质合金车刀的主要性能特点是什么？这两种车刀哪种适用于高速切削？哪种适用于中、低速切削？

42. 在卧式车床上车削较大端面时，车刀由外向轴心送给，切削速度是否有变化？为什么？

43. 在卧式车床上钻工件顶尖孔时，为何要先车平端面？

44. 卧式车床上加工螺纹时，主轴转速的快慢是否影响加工工件螺距的大小？为什么？

45. 车床上丝杠和光杠都能使刀架做纵向运动，它们之间有什么区别？各适用于什么场合？为什么？

第4章
铣削加工

【学习指南】

1. 了解铣削加工的特点及应用场合。
2. 掌握铣削加工常用夹具、量具、刀具的使用，典型设备的结构及操作。
3. 掌握铣削加工的基本加工方法。

本章重点：铣削加工工艺。

本章难点：铣削加工基本加工方法。

◈相关链接◈

最早的铣床是美国人惠特尼于1818年创制的卧式铣床；为了铣削麻花钻头的螺旋槽，美国人布朗于1862年创制了第一台万能铣床，这是升降台铣床的雏形；1884年前后又出现了龙门铣床；20世纪20年代出现了半自动铣床，工作台利用挡块可完成"进给—快速"或"快速—进给"的自动转换。1950年以后，铣床在控制系统方面发展很快，数字控制的应用大大提高了铣床的自动化程度。尤其是20世纪70年代以后，微处理机的数字控制系统和自动换刀系统在铣床上得到应用，扩大了铣床的加工范围，提高了加工精度与效率。

4.1 铣工概述

在铣床上用铣刀加工工件的工艺过程叫做铣削加工，简称铣工。铣削是金属切削加工中常用的方法之一。铣削时，铣刀做旋转的主运动，工件做缓慢直线的进给运动。

1. 铣削特点

① 铣刀是一种多齿刀具，在铣削时，铣刀的每个刀齿不像车刀和钻头那样连续地进行切削，而是间歇地进行切削，刀具的散热和冷却条件好，铣刀的耐用度高，切削速度可以提高。

② 铣削时经常是多齿进行切削，可采用较大的切削用量，与刨削相比，铣削有较高的生产率，在成批及大量生产中，铣削几乎已全部代替了刨削。

③ 由于铣刀刀齿的不断切入、切出，铣削力不断地变化，故而铣削容易产生振动。

2. 铣削用量

铣削时的铣削用量由切削速度、进给量、背吃刀量（铣削深度）和侧吃刀量（铣削宽度）四要素组成。铣削用量如图 4-1 所示。

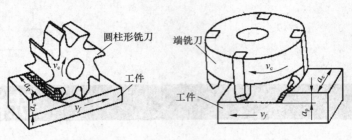

（a）在卧铣上铣平面　　　　（b）在立铣上铣平面

图 4-1　铣削用量

（1）切削速度

切削速度即铣刀最大直径处的线速度，可由下式计算：

$$v_c = \frac{\pi d n}{1000}$$

式中　v_c——切削速度，m/min；

　　　d——铣刀直径，mm；

　　　n——铣刀每分钟转数，r/min。

（2）进给量

铣削时，工件在进给运动方向上相对刀具的移动量即为铣削时的进给量。由于铣刀为多刃刀具，计算时按单位时间不同，有以下 3 种度量方法。

① 每齿进给量 f_z 指铣刀每转过一个刀齿时，工件对铣刀的进给量（即铣刀每转过一个刀齿，工件沿进给方向移动的距离），其单位为 m/z。

② 每转进给量 f，指铣刀每一转，工件对铣刀的进给量（即铣刀每转，工件沿进给方向移动的距离），其单位为 mm/r。

③ 每分钟进给量 v_f，又称进给速度，指工件对铣刀每分钟进给量（即每分钟工件沿进给方向移动的距离），其单位为 mm/min。上述三者的关系为：

$$v_f = f n = f_z z n$$

式中　Z——铣刀齿数

　　　n——铣刀每分钟转速，r/min。

（3）背吃刀量（又称铣削深度）

铣削深度为平行于铣刀轴线方向测量的切削层尺寸（切削层是指工件上正被刀刃切削着的那层金属），单位为 mm。因周铣与端铣时相对于工件的方位不同，故背吃刀量的标示也有所不同。

（4）侧吃刀量（又称铣削宽度）

侧吃刀量是垂直于铣刀轴线方向测量的切削层尺寸，单位为 mm。

铣削用量选择的原则：通常粗加工为了保证必要的刀具耐用度，应优先采用较大的侧吃刀量或背吃刀量，其次是加大进给量，最后才是根据刀具耐用度的要求选择适宜的切削速度，这样选择是因为切削速度对刀具耐用度影响最大，进给量次之，侧吃刀量或背吃刀量影响最小。精加工时为减小工艺系统的弹性变形，必须采用较小的进给量，同时为了抑制积屑瘤的产生。对于硬质合金铣刀应采用较高的切削速度，对高速钢铣刀应采用较低的切削速度，如铣削过程中不产生积屑瘤时，也应采用较大的切削速度。

　　3. 铣削的应用

　　铣床的加工范围很广，还可以进行分度工作。有时孔的钻、镗加工，也可在铣床上进行，如图 4-2 所示。铣床可以加工平面、斜面、垂直面、各种沟槽和成形面（如齿形），如图 4-3 所示。铣床的加工精度一般为 IT9～IT8 级；表面粗糙度一般为 Ra1.6～6.3μm。

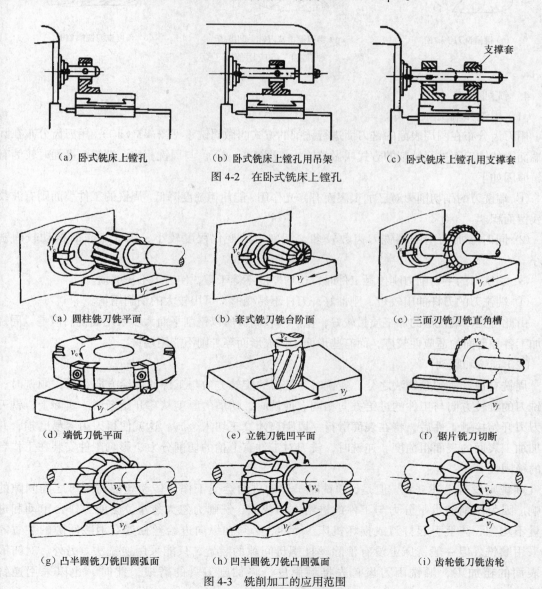

（a）卧式铣床上镗孔　　（b）卧式铣床上镗孔用吊架　　（c）卧式铣床上镗孔用支撑套

图 4-2　在卧式铣床上镗孔

（a）圆柱铣刀铣平面　　（b）套式铣刀铣台阶面　　（c）三面刃铣刀铣直角槽

（d）端铣刀铣平面　　（e）立铣刀铣凹平面　　（f）锯片铣刀切断

（g）凸半圆铣刀铣凹圆弧面　　（h）凹半圆铣刀铣凸圆弧面　　（i）齿轮铣刀铣齿轮

图 4-3　铣削加工的应用范围

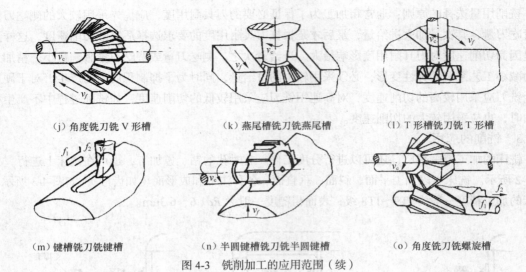

（j）角度铣刀铣 V 形槽　　　　　　（k）燕尾槽铣刀铣燕尾槽　　　　　（l）T 形槽铣刀铣 T 形槽

（m）键槽铣刀铣键槽　　　　　　（n）半圆键槽铣刀铣半圆键槽　　　　　（o）角度铣刀铣螺旋槽

图 4-3　铣削加工的应用范围（续）

4. 铣削方式

（1）周铣和端铣

用刀齿分布在圆周表面的铣刀而进行铣削的方式叫做周铣（见图 4-3（a））；用刀齿分布在圆柱端面上的铣刀而进行铣削的方式叫做端铣（见图 4-3（d））。与周铣相比，端铣铣平面时较为有利，原因如下。

① 端铣刀的副切削刃对已加工表面有修光作用，能使粗糙度降低。周铣的工件表面则有波纹状残留面积。

② 同时参加切削的端铣刀齿数较多，切削力的变化程度较小，因此工作时振动较周铣为小。

③ 端铣刀的主切削刃刚接触工件时，切屑厚度不等于零，使切刃不易磨损。

④ 端铣刀的刀杆伸出较短，刚性好，刀杆不易变形，可用较大的切削用量。

由此可见，端铣法的加工质量较好，生产率较高。所以铣削平面大多采用端铣。但是，周铣对加工各种形面的适应性较广，而有些形面（如成形面等）则不能用端铣。

（2）逆铣和顺铣

周铣有逆铣法和顺铣法之分。逆铣时，铣刀的旋转方向与工件的进给方向相反；顺铣时，则铣刀的旋转方向与工件的进给方向相同。逆铣时，切屑的厚度从零开始渐增。实际上，铣刀的刀刃开始接触工件后，将在表面滑行一段距离才真正切入金属。这就使得刀刃容易磨损，并增加加工表面的表面粗糙度。逆铣时，铣刀对工件有上抬的切削分力，影响工件安装在工作台上的稳固性。

顺铣则没有上述缺点。但是，顺铣时工件的进给会受工作台传动丝杠与螺母之间间隙的影响。因为铣削的水平分力与工件的进给方向相同，铣削力忽大忽小，会使工作台窜动和进给量不均匀，甚至引起打刀或损坏机床。因此，必须在纵向进给丝杠处有消除间隙的装置才能采用顺铣。但一般铣床上没有消除丝杠螺母间隙的装置，只能采用逆铣法。另外，对铸锻件表面的粗加工，顺铣因刀齿首先接触黑皮，将加剧刀具的磨损，此时，也以采用逆铣为妥。

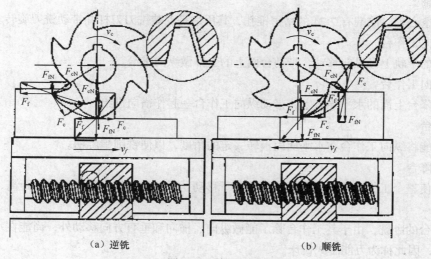

（a）逆铣　　　　　　　　　　　（b）顺铣

图 4-4　逆铣和顺铣

4.2　铣床

铣床种类很多，常用的有卧式铣床、立式铣床、龙门铣床和数控铣床及铣镗加工中心等。在一般工厂，卧式铣床和立式铣床应用最广，其中万能卧式升降台式铣床（简称万能卧式铣床）应用最多，特加以介绍。

4.2.1　万能卧式铣床

万能卧式铣床如图 4-5 所示，是铣床中应用最广的一种。其主轴是水平的，与工作台面平行。下面以 X6132 铣床为例，介绍万能铣床的型号以及组成部分和作用。

1. 万能铣床的型号

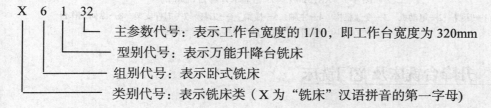

> X 6 1 32
>
> 主参数代号：表示工作台宽度的 1/10，即工作台宽度为 320mm
> 型别代号：表示万能升降台铣床
> 组别代号：表示卧式铣床
> 类别代号：表示铣床类（X 为"铣床"汉语拼音的第一字母）

2. X6132 万能卧式铣床的主要组成部分及作用

（1）床身

用来固定和支撑铣床上所有的部件。电动机、主轴及主轴变速机构等安装在它的内部。

（2）横梁

它的上面安装吊架，用来支撑刀杆外伸的一端，以加强刀杆的刚性。横梁可沿床身的水平导轨移动，以调整其伸出的长度。

（3）主轴

主轴是空心轴，前端有 7:24 的精密锥孔，其用途是安装铣刀刀杆并带动铣刀旋转。

（4）纵向工作台

在转台的导轨上做纵向移动，带动台面上的工件做纵向进给。

（5）横向工作台

位于升降台上面的水平导轨上，带动纵向工作台一起作横向进给。

（6）转台

作用是能将纵向工作台在水平面内扳转一定的角度，以便铣削螺旋槽。

（7）升降台

它可以使整个工作台沿床身的垂直导轨上下移动，以调整工作台面到铣刀的距离，并做垂直进给。

带有转台的卧铣，由于其工作台除了能做纵向、横向和垂直方向移动外，尚能在水平面内左右扳转 45°，因此称为万能卧式铣床。

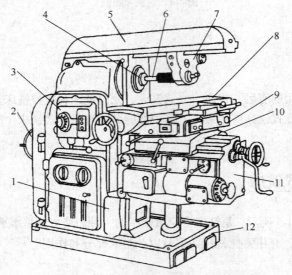

图 4-5　X6132 卧式万能铣床升降台铣床

1—床身　2—电动机　3—变速机构　4—主轴　5—横梁　6—刀杆　7—刀杆支架　8—纵向工作台
9—转台　10—横向工作台　11—升降台　12—底座

4.2.2　升降台铣床及龙门铣床

1. 立式升降台铣床

立式升降台铣床如图 4-6 所示。其主轴与工作台面垂直。有时根据加工的需要，可以将立铣头（主轴）偏转一定的角度。

2. 龙门铣床

龙门铣床属大型机床之一，图 4-7 为四轴龙门铣床外形图。它一般用来加工卧式、立式铣床不能加工的大型工件。

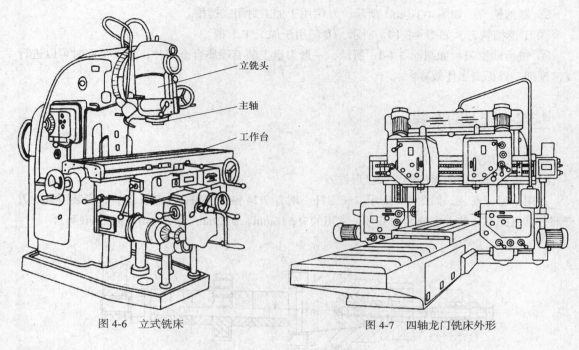

图 4-6　立式铣床　　　　　　　　　　图 4-7　四轴龙门铣床外形

4.3　铣刀及其安装

4.3.1　铣刀

铣刀的分类方法很多，根据铣刀安装方法的不同可分为带孔铣刀和带柄铣刀。带孔铣刀多用在卧式铣床上，带柄铣刀多用在立式铣床上。带柄铣刀又分为直柄铣刀和锥柄铣刀。

1. 带孔铣刀

常用的带孔铣刀有如下几种：

① 圆柱铣刀。其刀齿分布在圆柱表面上，通常分为直齿（见图 4-1（a））和斜齿（见图 4-3（a））两种，主要用于铣削平面。由于斜齿圆柱铣刀的每个刀齿是逐渐切入和切离工件的，故工作较平稳，加工表面粗糙度数值小，但有轴向切削力产生。

② 圆盘铣刀。即三面刃铣刀，锯片铣刀等。图 4-3（c）为三面刃铣刀，主要用于加工不同宽度的直角沟槽及小平面、台阶面等。锯片铣刀用于铣窄槽和切断，如图 4-3（f）所示。

③ 角度铣刀。如图 4-3（j）、（k）、（o）所示，具有各种不同的角度，用于加工各种角度的沟槽及斜面等。

④ 成形铣刀。如图 4-3（g）、（h）、（i）所示，其切刃呈凸圆弧、凹圆弧、齿槽形等。用于加工与切刃形状对应的成形面。

2. 带柄铣刀

常用的带柄铣刀有如下几种。

① 立铣刀。如图 4-3（e）所示，有直柄和锥柄两种，多用于加工沟槽、小平面、台阶面等。

② 键槽铣刀。如图 4-3（m）所示，专门用于加工封闭式键槽。

③ T 形槽铣刀。如图 4-3（1）所示，专门用于加工 T 形槽。

④ 镶齿端铣刀。如图 4-3（d）所示，一般刀盘上装有硬质合金刀片，加工平面时可以进行高速铣削，以提高工作效率。

4.3.2 铣刀的安装

1. 孔铣刀的安装

（1）带孔铣刀中的圆柱形、圆盘形铣刀

多用长刀杆安装，如图 4-8 所示。长刀杆一端有 7:24 锥度与铣床主轴孔配合，安装刀具的刀杆部分，根据刀孔的大小分几种型号，常用的有 $\phi16mm$、$\phi22mm$、$\phi27mm$、$\phi32mm$ 等。

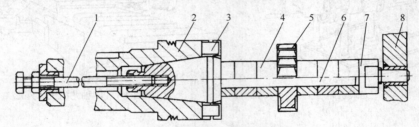

图 4-8　圆盘形带孔铣刀的安装

1—拉杆　2—铣床主轴　3—端面键　4—套筒　5—铣刀　6—刀杆　7—螺母　8—刀杆支架

用长刀杆安装带孔铣刀时要注意以下问题。

① 铣刀应尽可能靠近主轴或吊架，保证铣刀有足够的刚性。套筒的端面与铣刀的端面必须擦干净，以减小铣刀的端面跳动，拧紧刀杆的压紧螺母时，必须先装上吊架，以防刀杆受力弯曲。

② 斜齿圆柱铣刀所产生的轴向切削力应指向主轴轴承，主轴转向与斜齿圆柱铣刀旋向的选择见表 4-1。

表 4-1　　　　　　　　　　　主轴转向与斜齿圆柱铣刀旋向的选择

情况	铣刀安装简图	螺旋线方向	主旋转方向	轴向力的方向	说　明
1		左旋	逆时针方向旋转	向着主轴轴承	正确
2		左旋	顺时针方向旋转	离开主轴轴承	不正确

（2）带孔铣刀中的端铣刀

多用短刀杆安装，如图 4-9 所示。

2. 带柄铣刀的安装

（1）锥柄铣刀的安装

如图 4-10（a）所示，根据铣刀锥柄的大小，选择合适的变锥套，将各配合表面擦净，然后用拉杆把铣刀及变锥套一起拉紧在主轴上。

（2）直柄立铣刀的安装

这类铣刀多为小直径铣刀，一般不超过 ϕ20mm，多用弹簧夹头进行安装，如图 4-10（b）所示。铣刀的柱柄插入弹簧套的孔中，用螺母压弹簧套的端面，使弹簧套的外锥面受压而孔径缩小，即可将铣刀抱紧。弹簧套上有三个开口，故受力时能收缩。弹簧套有多种孔径，以适应各种尺寸的铣刀。

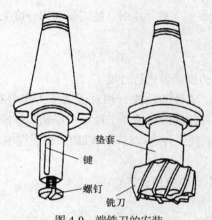

图 4-9　端铣刀的安装

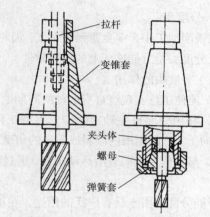

（a）锥柄铣刀的安装　　（b）直柄铣刀的安装

图 4-10　带柄铣刀的安装

4.4　铣床附件及工件安装

4.4.1　铣床附件及其应用

铣床的主要附件有分度头、平口钳、万能铣头和回转工作台，如图 4-11 所示。

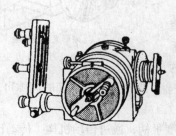

（a）分度头

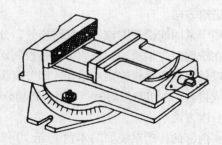

（b）平口钳

图 4-11　常用铣床附件

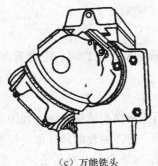

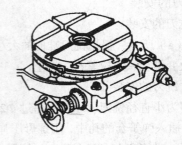

（c）万能铣头   （d）回转工作台

图 4-11 常用铣床附件（续）

1. 分度头

在铣削加工中，常会遇到铣六方、齿轮、花键和刻线等工作。这时，就需要利用分度头分度。因此，分度头是万能铣床上的重要附件。

（1）分度头的作用

① 能使工件实现绕自身的轴线周期地转动一定的角度（即进行分度）。

② 利用分度头主轴上的卡盘夹持工件，使被加工工件的轴线，相对于铣床工作台在向上 90° 和向下 10° 的范围内倾斜成需要的角度，以加工各种位置的沟槽、平面等（如铣圆锥齿轮）。

③ 与工作台纵向进给运动配合，通过配换挂轮，能使工件连续转动，以加工螺旋沟槽、斜齿轮等。

万能分度头由于具有广泛的用途，在单件小批量生产中应用较多。

（2）分度头的结构

分度头的主轴是空心的，两端均为锥孔，前锥孔可装入顶尖（莫氏 4 号），后锥孔可装入心轴，以便在差动分度时挂轮，把主轴的运动传给侧轴可带动分度盘旋转。主轴前端外部有螺纹，用来安装三爪自定心卡盘，如图 4-12 所示。

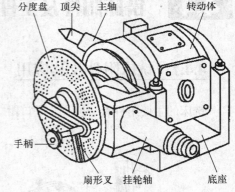

图 4-12 万能分度头外形

松开壳体上部的两个螺钉，主轴可以随回转体在壳体的环形导轨内转动，因此主轴除安装成水平外，还能扳成倾斜位置。当主轴调整到所需的位置后，应拧紧螺钉。主轴倾斜的角度可以从刻度上看出。

在壳体下面固定有两个定位块，以便与铣床工台面的 T 形槽相配合，用来保证主轴轴线准确地平行于工作台的纵向进给方向。

手柄用于紧固或松开主轴，分度时松开，分度后紧固，以防在铣削时主轴松动。另一手柄是控制蜗杆的手柄，它可以使蜗杆和蜗轮连接或脱开（即分度头内部的传动切断或接合）在切断传动时，可用手转动分度的主轴。蜗轮与蜗杆之间的间隙可用螺母调整。

（3）分度方法

分度头内部的传动系统如图 4-13 所示，可转动分度手柄，通过传动机构（传动比 1:1 的一对齿轮，1:40 的蜗轮蜗杆），使分度头主轴带动工件转动一定角度。手柄转一圈，主轴带动工件转 1/40 圈。

如果要将工件的圆周等分为 Z 等份，则每次分度工件应转过 $1/Z$ 圈。设每次分度手柄的转数为 n，则手柄转数 n 与工件等分数 Z 之间有如下关系：

$$1:40 = \frac{1}{Z}:n$$

$$n = \frac{40}{Z}$$

分度头分度的方法有直接分度法、简单分度法、角度分度法和差动分度法等。这里仅介绍常用的简单分度法。例如：铣齿数 $Z=35$ 的齿轮，需对齿轮毛坯的圆周作 35 等份，每一次分度时，手柄转数为：

$$n = \frac{40}{Z} = \frac{40}{35} = 1\frac{1}{7} \text{ 圈}$$

分度时，如果求出的手柄转数不是整数，可利用分度盘上的等分孔距来确定。分度盘如图 7-13 所示，一般备有两块分度盘。分度盘的两面各钻有不通的许多圈孔，各圈孔数均不相等，但同一孔圈上的孔距是相等的。

分度头第一块分度盘正面各圈孔数依次为 24、25、28、30、34、37；反面各圈孔数依次为 38、39、41、42、43。

第二块分度盘正面各圈孔数依次为 46、47、49、51、53、54；反面各圈孔数依次为 57、58、59、62、66。

按上例计算结果，即每分一齿，手柄需转过 $1\frac{1}{7}$ 圈，其中 1/7 圈需通过分度盘（见图 4-13）来控制。用简单分度法需先将分度盘固定。再将分度手柄上的定位销调整到孔数为 7 的倍数（如 28、42、49）的孔圈上，如在孔数为 28 的孔圈上。此时分度手柄转过 1 整圈后，再沿孔数为 28 的孔圈转过 4 个孔距。

$$n = 1\frac{1}{7} = 1\frac{4}{28}$$

为了确保手柄转过的孔距数可靠，可调整分度盘上的扇形条 1、2 间的夹角（见图 4-13），使之正好等于分子的孔距数，这样依次进行分度时就可准确无误。

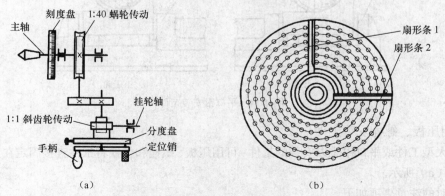

图 4-13　分度头的传动

2. 平口钳

图 4-11（b）所示平口钳是一种通用夹具，经常用其安装小型工件。

3. 万能铣头

图 4-11（c）所示在卧式铣床上装上万能铣头，不仅能完成各种立铣削的工作，而且还可以根据铣削的需要，把铣头主轴扳成任意角度。万能铣头的底座用螺栓固定在铣床的垂直导轨上。铣床主轴的运动通过铣头内的两对锥齿轮传到铣头主轴上。铣头的壳体可绕铣床主轴轴线偏转任意角度。铣头主轴的壳体还能在铣头壳体上偏转任意角度。因此，铣头主轴就能在空间偏转成所需要的任意角度。

4. 回转工作台

图 4-11（d）所示回转工作台又称为转盘、平分盘、圆形工作台等。它的内部有一套蜗轮蜗杆。摇动手轮，通过蜗杆轴就能直接带动与转台相连接的蜗轮转动。转台周围有刻度，可以用来观察和确定转台位置。拧紧固定螺钉，转台就固定不动。转台中央有一孔，利用它可以方便地确定工件的回转中心。当底座上的槽和铣床工作台的 T 形槽对齐后，即可用螺栓把回转工作台固定在铣床工作台上。铣圆弧槽时，工件安装在回转工作台上，铣刀旋转，用手均匀缓慢地摇动回转工作台而使工件铣出圆弧槽。

4.4.2 工件的安装

铣床上常用的工件安装方法有以下几种。

1. 平口钳安装工件

在铣削加工时，常使用平口钳夹紧工件，如图 4-14 所示。它具有结构简单、夹紧牢靠等特点，所以使用广泛。平口钳尺寸规格，是以其钳口宽度来区分的。X62W 型铣床配用的平口钳为160mm。平口钳分为固定式和回转式两种。回转式平口钳可以绕底座旋转 360°，固定在水平面的任意位置上，因而扩大了其工作范围，是目前平口钳应用的主要类型。平口钳用两个 T 形螺栓固定在铣床上，底座上还有一个定位键，它与工作台上中间的 T 形槽相配合，以提高平口钳安装时的定位精度。

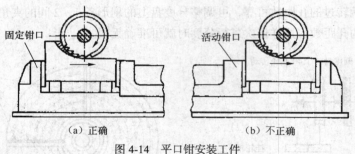

（a）正确　　　　　　　（b）不正确

图 4-14　平口钳安装工件

2. 用压板、螺栓安装工件

对于大型工件或平口钳难以安装的工件，可用压板、螺栓和垫铁将工件直接固定在工作台上，如图 4-15（a）所示。

安装时的注意事项如下。

① 压板的位置要安排得当，压点要靠近切削面，压力大小要适合。粗加工时，压紧力要大，以防止切削中工件移动；精加工时，压紧力要合适，注意防止工件发生变形。

② 工件如果放在垫铁上，要检查工件与垫铁是否贴紧，若没有贴紧，必须垫上铜皮或纸，直

到贴紧为止。

③ 压板必须压在垫铁处，以免工件因受压紧力而变形。

④ 安装薄壁工件，在其空心位置处，可用活动支撑（千斤顶等）增加刚度。

⑤ 工件压紧后，要用划针盘复查加工线是否仍然与工作台平行，避免工件在压紧过程中变形或移动。

3. 用分度头安装工件

分度头安装工件一般用在等分工作中。它既可以用分度头卡盘（或顶尖）与尾座顶尖一起使用安装轴类零件如图 4-15（b）所示，也可以只使用分度头卡盘安装工件，又由于分度头的主轴可以在垂直平面内转动，因此，可以利用分度头在水平、垂直及倾斜位置安装工件，如图 4-15（c）、（d）所示。

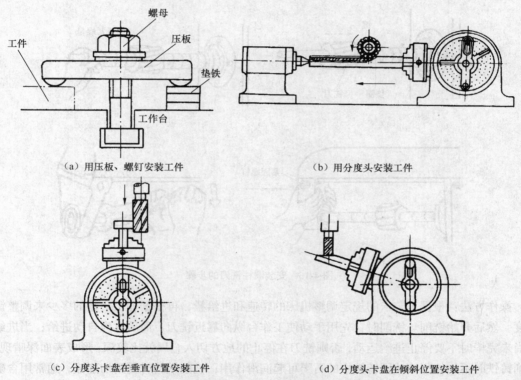

（a）用压板、螺钉安装工件　　　　　　（b）用分度头安装工件

（c）分度头卡盘在垂直位置安装工件　　　（d）分度头卡盘在倾斜位置安装工件

图 4-15　工件在铣床上常用的安装方法

当零件的生产批量较大时，可采用专用夹具或组合夹具装夹工件，这样既能提高生产效率，又能保证产品质量。

4.5　铣削的基本操作

4.5.1　铣平面

铣平面可以用圆柱铣刀、端铣刀或三面刃盘铣刀在卧式铣床或立式铣床上进行。

1. 用圆柱铣刀铣平面

圆柱铣刀一般用于卧式铣床铣平面。铣平面用的圆柱铣刀一般为螺旋齿圆柱铣刀，铣刀的宽度必须大于所铣平面的宽度。螺旋线的方向应使铣削时所产生的轴向力将铣刀推向主轴轴承方向。

圆柱铣刀通过长刀杆安装在卧式铣床的主轴上，刀杆上的锥柄与主轴上的锥孔相配，并用一拉杆拉紧。刀杆上的键槽与主轴上的方键相配，用来传递动力。安装铣刀时，先在刀杆上装几个垫圈，然后装上铣刀，如图 4-16（a）所示。应使铣刀切削刃的切削方向与主轴旋转方向一致，同时铣刀还应尽量装在靠近床身的地方。再在铣刀的另一侧套上垫圈，然后用手轻轻旋上压紧螺母，如图 4-16（b）所示。再安装吊架，使刀杆前端进入吊架轴承内，拧紧吊架的紧固螺钉，如图 4-16（c）所示。初步拧紧刀杆螺母，开车观察铣刀是否装正，然后用力拧紧螺母，如图 4-16（d）所示。

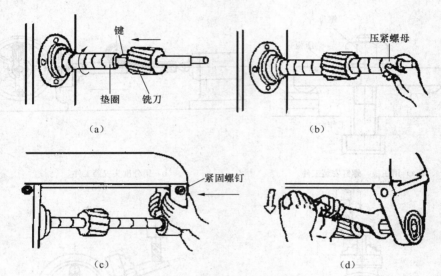

图 4-16　安装圆柱铣刀的步骤

操作方法：根据工艺卡的规定调整机床的转速和进给量，再根据加工余量的多少来调整铣削深度，然后开始铣削。铣削时，先用手动使工作台纵向靠近铣刀，而后改为自动进给；当进给行程尚未完毕时不要停止进给运动，否则铣刀在停止的地方切入金属就比较深，形成表面深啃现象；铣削铸铁时不加切削液（因铸铁中的石墨可起润滑作用；铣削钢料时要用切削液，通常用含硫矿物油作切削液）。

用螺旋齿铣刀铣削时，同时参加切削的刀齿数较多，每个刀齿工作时都是沿螺旋线方向逐渐地切入和脱离工作表面，切削比较平稳。在单件小批量生产的条件下，用圆柱铣刀在卧式铣床上铣平面仍是常用的方法。

2. 用端铣刀铣平面

端铣刀一般用于立式铣床上铣平面，有时也用于卧式铣床上铣侧面。

端铣刀一般中间带有圆孔。通常先将铣刀装在短刀轴上，再将刀轴装入机床的主轴上，并用拉杆螺钉拉紧。

用端铣刀铣平面与用圆柱铣刀铣平面相比，其特点如下。

① 切削厚度变化较小，同时切削的刀齿较多，因此切削比较平稳。

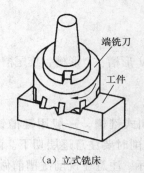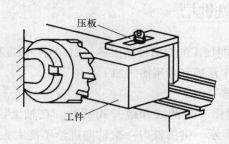

（a）立式铣床　　　　　　　　　　（b）卧式铣床

图 4-17　用端铣刀铣平面

② 端铣刀的主切削刃担负着主要的切削工作，而副切削刃又有修光作用，所以表面光整。

③ 端铣刀的刀齿易于镶装硬质合金刀片，可进行高速铣削，且其刀杆比圆柱铣刀的刀杆短些，刚性较好，能减少加工中的振动，有利于提高铣削用量。

因此，端铣既提高了生产率，又提高了表面质量，所以在大批量生产中，端铣已成为加工平面的主要方式之一。

4.5.2　铣斜面

工件上具有斜面的结构很常见，铣削斜面的方法也很多，下面介绍常用的几种方法。

1. 使用倾斜垫铁铣斜面

如图 4-18（a）所示，在零件设计基准的下面垫一块倾斜的垫铁，则铣出的平面就与设计基准面成倾斜位置，改变倾斜垫铁的角度，即可加工不同角度的斜面。

2. 用万能铣头铣斜面

如图 4-18（b）所示，由于万能铣头能方便地改变刀轴的空间位置，因此我们可以转动铣头以使刀具相对工件倾斜一个角度来铣斜面。

3. 用角度铣刀铣斜面

如图 4-18（c）所示，较小的斜面可用合适的角度铣刀加工。当加工零件批量较大时，则常采用专用夹具铣斜面。

4. 用分度头铣斜面

如图 4-18（d）所示，在一些圆柱形和特殊形状的零件上加工斜面时，可利用分度头将工件转成所需位置而铣出斜面。

（a）用倾斜垫铁铣斜面　　（b）用万能铣头铣斜面　　（c）用角度铣刀铣斜面　　（d）用分度头铣斜面

图 4-18　铣斜面的几种方法

4.5.3 铣键槽

在铣床上能加工的沟槽种类很多，如直槽、角度槽、V 形槽、T 形槽、燕尾槽和键槽等。下面介绍键槽、T 形槽和燕尾槽的加工。

1. 铣键槽

常见的键槽有封闭式和敞开式两种。在轴上铣封闭式键槽，一般用键槽铣刀加工，如图 4-19（a）所示。键槽铣刀一次轴向进给不能太大，切削时要注意逐层切下。敞开式键槽多在卧式铣床上用三面刃铣刀进行加工，如图 4-19（b）所示。注意在铣削键槽前做好对刀工作，以保证键槽的对称度。

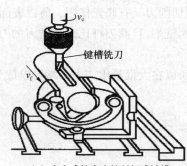 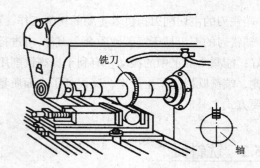

（a）在立式铣床上铣封闭式键槽　　　　　　　（b）在卧式铣床上铣敞开式键槽

图 4-19　铣键槽

若用立铣刀加工，则由于立铣刀中央无切削刃，不能向下进刀，因此必须预先在槽的一端钻一个落刀孔，才能用立铣刀铣键槽。对于直径为 3～20mm 的直柄立铣刀，可用弹簧夹头装夹，弹簧夹头可装入机床主轴孔中；对于直径为 10～50mm 的锥柄铣刀，可利用过渡套装入机床主轴孔中。对于敞开式键槽，可在卧式铣床上进行，一般采用三面刃铣刀加工。

2. 铣 T 形槽及燕尾槽

T 形槽应用很多，如铣床和刨床的工作台上用来安放紧固螺栓的槽就是 T 形槽。要加工 T 形槽及燕尾槽，必须首先用立铣刀或三面刃铣刀铣出直角槽，然后再用 T 形槽铣刀铣削 T 形槽和用燕尾槽铣刀铣削成形，如图 4-20 所示。但由于 T 形槽铣刀工作时排屑困难，因此切削用量应选得小些，同时应多加切削液，最后再用角度铣刀铣出倒角。

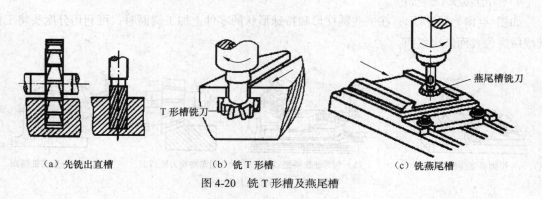

（a）先铣出直槽　　　　　（b）铣 T 形槽　　　　　（c）铣燕尾槽

图 4-20　铣 T 形槽及燕尾槽

4.5.4　铣成形面

如零件的某一表面在截面上的轮廓线是由曲线和直线所组成，这个面就是成形面。成形面一般在卧式铣床上用成形铣刀来加工，如图 4-21（a）所示。成形铣刀的形状要与成形面的形状相吻合。如零件的外形轮廓是由不规则的直线和曲线组成，这种零件就称为具有曲线外形表面的零件。这种零件一般在立式铣床上铣削，加工方法有：按划线用手动进给铣削；用圆形工作台铣削；用靠模铣削（见图 4-21（b））。

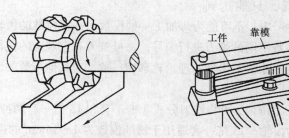

（a）用成形铣刀铣成形面　　　　　　　　　（b）用靠模铣曲面

图 4-21　铣成形面

对于要求不高的曲线外形表面，可按工件上划出的线移动工作台进行加工，顺着线将打出的样冲眼铣掉一半。在成批及大量生产中，可以采用靠模夹具或专用的靠模铣床来对曲线外形面进行加工。

4.5.5　铣齿形

齿轮齿形的加工原理可分为两大类：展成法（又称范成法），它是利用齿轮刀具与被切齿轮的互相啮合运转而切出齿形的方法，如插齿和滚齿加工等；成形法（又称型铣法），它是利用与被切齿轮齿槽形状相符的盘状铣刀或指状铣刀切出齿形的方法，如图 4-22 所示。在铣床上加工齿形的方法属于成形法。

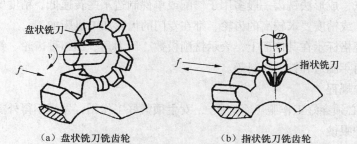

（a）盘状铣刀铣齿轮　　　　　　　　　（b）指状铣刀铣齿轮

图 4-22　用盘状铣刀和指状铣刀加工齿轮

铣削时，常用分度头和尾座装夹工件，如图 4-23 所示。可用盘状模数铣刀在卧式铣床上铣齿，也可用指状模数铣刀在立式铣床上铣齿。

圆柱形齿轮和圆锥齿轮可在卧式铣床或立式铣床上加工，人字形齿轮可在立式铣床上加工；

蜗轮则可以在卧式铣床上加工。卧式铣床加工齿轮一般用盘状铣刀，而在立式铣床上则使用指状铣刀。

成形法加工的特点如下。

① 设备简单，只用普通铣床即可，刀具成本低。

② 由于铣刀每切一齿槽都要重复消耗一段切入、退刀和分度的辅助时间，因此生产率较低；

③ 加工出的齿轮精度较低，只能达到

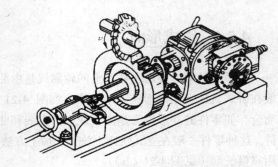

图 4-23　用分度头和尾架装夹工件

IT11～IT9 级。这是因为在实际生产中，不可能为每加工一种模数、一种齿数的齿轮就制造一把成形铣刀，而只能对模数相同且齿数不同的铣刀进行编号，每号铣刀有它规定的铣齿范围，又每号铣刀的刀齿轮廓只与该号范围的最小齿数齿槽的理论轮廓相一致，对其他齿数的齿轮只能获得近似齿形。

根据同一模数而齿数在一定的范围内，可将铣刀分成 8 把一套和 15 把一套两种规格。8 把一套适用于铣削模数为 0.3～8mm 的齿轮；15 把一套适用于铣削模数为 1～16mm 的齿轮，15 把一套的铣刀加工精度较高一些。铣刀号数小，加工的齿轮齿数少；铣刀号数大，能加工的齿数就多。8 把一套的规格见表 4-2。15 把一套的规格见表 4-3。

表 4-2　　　　　　　　　　　　　8 把一套齿轮铣刀规格

铣刀号数	1	2	3	4	5	6	7	8
齿数范围	12～13	14～16	17～20	21～25	26～34	35～54	55～134	135 以上

表 4-3　　　　　　　　　　　　　15 把一套齿轮铣刀规格

铣刀号数	1	1.5	2	2.5	3	3.5	4	4.5
齿数范围	12	13	14	15～16	17～18	19～20	21～22	23～25
铣刀号数	5	5.5	6	6.5	7	7.5	8	
齿数范围	26～29	30～34	35～41	42～54	55～79	80～134	135 以上	

根据以上特点，成形法铣齿一般多用于修配或单件制造某些转速低、精度要求不高的齿轮。在大批量生产中、或精度要求较高的齿轮，都在专门的齿轮加工机床加工。

齿轮铣刀的规格标示在其侧面上，表示铣削模数、压力角、加工种齿轮、铣刀号数、加工齿轮的齿数范围、何年制造和铣刀材料等。

铣床安全操作规程

1. 工作前，必须穿好工作服（军训服），女生须戴好工作帽，发辫不得外露，在执行飞刀操作时，必须戴防护眼镜。

2. 工作前认真查看机床有无异常，在规定部位加注润滑油和切削液。

3. 开始加工前先安装好刀具，再装夹好工件。装夹必须牢固可靠，严禁用开动机床的动力装夹刀杆、拉杆。

4. 主轴变速必须停车，以防损坏变速的齿轮。

5. 开始铣削加工前，刀具必须离开工件，并应查看铣刀旋转方向与工件相对位置是顺铣还是逆铣，通常不采用顺铣，而采用逆铣。若有必要采用顺铣，则应事先调整工作台的丝杠螺母间隙到合适程度方可铣削加工，否则将引起"扎刀"或打刀现象。

6. 在加工中，若采用自动进给，必须注意行程的极限位置；必须严密注意铣刀与工件夹具间的相对位置。

7. 加工中，严禁将多余的工件、夹具、刀具、量具等摆在工作台上。以防碰撞、跌落，发生人身、设备事故。

8. 机床在运行中不得擅离岗位或委托他人看管。不准闲谈、打闹和开玩笑。

9. 两人或多人共同操作一台机床时，必须严格分工，分段操作，严禁同时操作一台机床。

10. 中途停车测量工件，不得用手强行刹住惯性转动着的铣刀主轴。

11. 铣后的工件取出后，应及时去毛刺，防止拉伤手指或划伤堆放的其他工件。

12. 发生事故时，应立即切断电源，保护现场，参加事故分析，承担事故应负的责任。

13. 工作结束应认真清扫机床、加油，并将工作台移向立柱附近。

14. 打扫工作场地，将切屑倒入规定地点。

15. 收拾好所用的工、夹、量具，摆放于工具箱中，工件交检。

习题

1. 铣削的主运动和送给运动？

2. 铣削进给量有哪几种表示方法？它们之间有什么关系？

3. 铣削的主要加工范围是什么？

4. 铣前加工为什么要开车对刀？

5. X62W 和 X6132 表示的含义是什么？

6. 卧式万能铣床由哪些主要部分组成，作用是什么？

7. 万能分度头上分度盘孔数为 21、24、27、30 和 33，欲利用它来加工 18 齿的齿轮如何分度？

8. 铣刀有哪些种类？在卧式铣床上铣削平面、台阶面、轴上键槽时应选用何种铣刀？

9. 什么叫顺铣？什么叫逆铣？如何选择？

10. 铣削平面、斜面、台阶面常用的方法有哪些？

11. 铣开口式键槽、铣封闭式键槽和铣 T 形槽各应选择何种铣床和铣刀？并说明装夹方法？

12. 万能分度头的功能有哪些？

13. 齿轮齿形加工有哪两种加工方法？其基本原理是什么？

14. 试简述滚齿和插齿的应用范围。

15. 铣床的主机附件有哪些？

16. 锯片铣刀的用途是什么？它能否作为三面刃铣刀使用？为什么？

17. 在铣床上利用 FW250 分度头铣削直齿圆柱齿轮，齿数 $Z = 36$，求每铣一齿后分度头手柄转过的转数 n。

18. 在立式铣床上铣削燕尾槽、直槽、T 形槽时，应采用哪种铣刀加工？

19. 万能卧式铣床的工作台能否转动一定的角度？

20. 万能立铣头的功用是什么？

21. 铣削加工时为什么要开车对刀？

第5章

刨削加工

【学习指南】

1. 了解刨削加工的特点及应用场合。
2. 掌握刨削加工常用夹具、量具、刀具的使用，典型设备结构及操作。
3. 掌握刨削加工的基本加工方法。

本章重点：刨削加工工艺。

本章难点：刨削加工基本加工方法。

～相关链接～

在发明过程中，许多事情往往是相辅相成、环环相扣的。为了制造蒸汽机，需要镗床相助；蒸汽机发明发后，从工艺要求上又开始呼唤龙门刨床了。

可以说，正是蒸汽机的发明，导致了"工作母机"从镗床、车床向龙门刨床的设计发展。其实，刨床就是一种刨金属的"刨子"。

由于蒸汽机阀座的平面加工需要，从19世纪初开始，很多技术人员开始了这方面的研究，其中有理查德·罗伯特、理查德·普拉特、詹姆斯·福克斯以及约瑟夫·克莱门特，他们从1814年开始，在25年的时间内各自独立地制造出了龙门刨床。这种龙门刨床是把加工物件固定在往返平台上，刨刀切削加工物的一面。但是，这种刨床还没有送刀装置，正处在从"工具"向"机械"的转化过程之中。到了1839年，英国一个名叫博德默的人终于设计出了具有送刀装置的龙头刨床。

另一位英国人内史密斯也在19世纪发明制造了加工小平面的牛头刨床，它可以把加工物体固定在床身上，而刀具做往返运动。

此后，由于工具的改进、电动机的出现，龙门刨床一方面朝高速切割、高精度方向发展，另一方面朝大型化方向发展。

5.1　刨削加工概述

在牛头刨床上加工时，刨刀的纵向往复直线运动为主运动，零件随工作台做横向间歇进给运动，如图 5-1 所示。

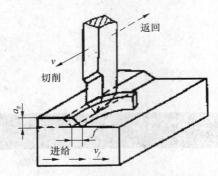

图 5-1　牛头刨床的刨削运动和切削用量

5.1.1　刨削加工的特点

1. 生产率一般较低

刨削是不连续的切削过程，刀具切入、切出时切削力有突变，将引起冲击和振动，限制了刨削速度的提高。此外，单刃刨刀实际参加切削的长度有限，一个表面往往要经过多次行程才能加工出来，刨刀返回行程时不进行工作。由于以上原因，刨削生产率一般低于铣削，但对于狭长表面（如导轨面）的加工，以及在龙门刨床上进行多刀、多件加工，其生产率可能高于铣削。

2. 刨削加工通用性好、适应性强

刨床结构较车床、铣床等简单，调整和操作方便；刨刀形状简单，和车刀相似，制造、刃磨和安装都较方便；刨削时一般不需加切削液。

5.1.2　刨削加工范围

刨削加工的尺寸精度一般为 IT9～IT8，表面粗糙度 Ra 值为 6.3～1.6μm，用宽刀精刨时，Ra 值可达 1.6 μm。此外，刨削加工还可保证一定的相互位置精度，如面对面的平行度和垂直度等。刨削在单件、小批生产和修配工作中得到广泛应用。刨削主要用于加工各种平面（水平面、垂直面和斜面）、各种沟槽（直槽、T 形槽、燕尾槽等）、成形面等，如图 5-2 所示。

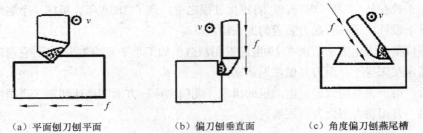

（a）平面刨刀刨平面　　　（b）偏刀刨垂直面　　　（c）角度偏刀刨燕尾槽

图 5-2　刨削加工的主要应用

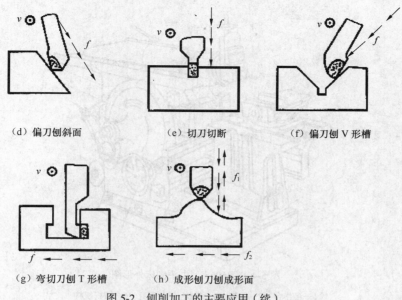

（d）偏刀刨斜面　　　　　（e）切刀切断　　　　　（f）偏刀刨 V 形槽

（g）弯切刀刨 T 形槽　　　（h）成形刨刀刨成形面

图 5-2　刨削加工的主要应用（续）

5.2　刨床

刨床主要有牛头刨床和龙门刨床，常用的是牛头刨床。牛头刨床最大的刨削长度一般不超过 1000mm，适合于加工中小型零件。龙门刨床由于其刚性好，而且有 2～4 个刀架可同时工作，因此，它主要用于加工大型零件或同时加工多个中、小型零件，其加工精度和生产率均比牛头刨床高。刨床上加工的典型零件如图 5-3 所示。

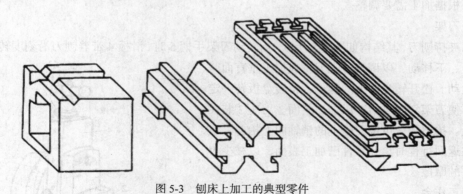

图 5-3　刨床上加工的典型零件

5.2.1　牛头刨床

1. 牛头刨床的组成

图 5-4 所示为 B6065 型牛头刨床的外形。型号 B6065 中，B 为机床类别代号，表示刨床，读作"刨"；6 和 0 分别为机床组别和系列代号，表示牛头刨床；65 为主参数，是最大刨削长度的 1/10，即最大刨削长度为 650mm。

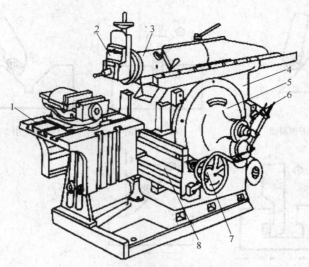

图 5-4　　B6065 型牛头刨床外形图

1—工作台　2—刀架　3—滑枕　4—床身　5—摆杆机构

6—变速机构　7—进给机构　8—横梁

B6065 型牛头刨床主要由以下几部分组成。

（1）床身

用以支撑和连接刨床各部件。其顶面水平导轨供滑枕带动刀架进行往复直线运动，侧面的垂直导轨供横梁带动工作台升降。床身内部有主运动变速机构和摆杆机构。

（2）滑枕

用以带动刀架沿床身水平导轨做往复直线运动。滑枕往复直线运动的快慢、行程的长度和位置，均可根据加工需要调整。

（3）刀架

用以夹持刨刀，其结构如图 5-5 所示。当转动刀架手柄 5 时，滑板 4 带着刨刀沿刻度转盘 7 上的导轨上、下移动，以调整背吃刀量或加工垂直面时做进给运动。松开转盘 7 上的螺母，将转盘扳转一定角度，可使刀架斜向进给，以加工斜面。刀座 3 装在滑板 4 上。抬刀板 2 可绕刀座上的销轴向上抬起，以使刨刀在返回行程时离开零件已加工表面，以减少刀具与零件的摩擦。

（4）工作台

用以安装零件，可随横梁做上下调整，也可沿横梁导轨做水平移动或间歇进给运动。

2. 牛头刨床的传动系统

B6065 型牛头刨床的传动系统主要包括摆杆机构和棘轮机构。

（1）摆杆机构

其作用是将电动机传来的旋转运动变为滑枕的往复直线运动，结构如图 5-6 所示。摆杆 7 上

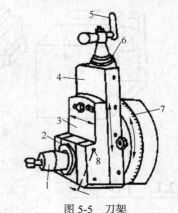

图 5-5　刀架

1—刀夹　2—抬刀板　3—刀座　4—滑板　5—手柄

6—刻度环　7—刻度转盘　8—销轴

端与滑枕内的螺母 2 相连，下端与支架 5 相连。摆杆齿轮 3 上的偏心滑块 6 与摆杆 7 上的导槽相连。当摆杆齿轮 3 由小齿轮 4 带动旋转时，偏心滑块就在摆杆 7 的导槽内上下滑动，从而带动摆杆 7 绕支架 5 的中心左右摆动，于是滑枕便做往复直线运动。摆杆齿轮转动一周，滑枕带动刨刀往复运动一次。

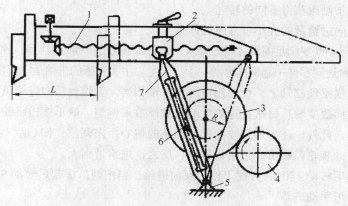

图 5-6 摆杆机构

1—丝杠 2—螺母 3—摆杆齿轮 4—小齿轮

5—支架 6—偏心滑块 7—摆杆

（2）棘轮机构

其作用是使工作台在滑枕完成回程与刨刀再次切入零件之前的瞬间，做间歇横向进给，横向进给机构如图 5-7（a）所示，棘轮机构的结构如图 5-7（b）所示。

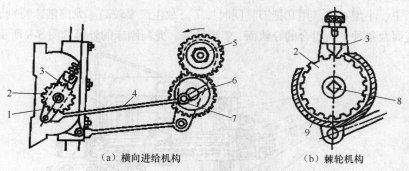

（a）横向进给机构　　　（b）棘轮机构

图 5-7 牛头刨床横向进给机构

1—棘爪架 2—棘轮 3—棘爪 4—连杆 5、6—齿轮

7—偏心销 8—横向丝杠 9—棘轮罩

齿轮 5 与摆杆齿轮为一体，摆杆齿轮逆时针旋转时，齿轮 5 带动齿轮 6 转动，使连杆 4 带动棘爪 3 逆时针摆动。棘爪 3 逆时针摆动时，其上的垂直面拨动棘轮 2 转过若干齿，使丝杠 8 转过相应的角度，从而实现工作台的横向进给。而当棘轮顺时针摆动时，由于棘爪后面为一斜面，只能从棘轮齿顶滑过，不能拨动棘轮，所以工作台静止不动，这样就实现了工作台的横向间歇进给。

3. 牛头刨床的调整

（1）滑枕行程长度、起始位置、速度的调整

刨削时，滑枕行程的长度一般应比零件刨削表面的长度长 30～40mm，滑枕的行程长度调整

方法是通过改变摆杆齿轮上偏心滑块的偏心距离，其偏心距越大，摆杆摆动的角度就越大，滑枕的行程长度也就越长；反之，则越短。

松开滑枕内的锁紧手柄，转动丝杠，即可改变滑枕行程的起始点，使滑枕移到所需要的位置。

调整滑枕速度时，必须在停车之后进行，否则将打坏齿轮，可以通过变速机构 6 来改变变速齿轮的位置，使牛头刨床获得不同的转速。

（2）工作台横向进给量的大小、方向的调整

工作台的进给运动既要满足间歇运动的要求，又要与滑枕的工作行程协调一致，即在刨刀返回行程将结束时，工作台连同零件一起横向移动一个进给量。牛头刨床的进给运动是由棘轮机构实现的。

棘爪架空套在横梁丝杠轴上，棘轮用键与丝杠轴相连。工作台横向进给量的大小可通过改变棘轮罩的位置，从而改变棘爪每次拨过棘轮的有效齿数来调整。棘爪拨过棘轮的齿数较多时，进给量大；反之则小。此外，还可通过改变偏心销 7 的偏心距来调整，偏心距小，棘爪架摆动的角度就小，棘爪拨过的棘轮齿数少，进给量就小；反之，进给量则大。

若将棘爪提起后转动 180°，可使工作台反向进给。当把棘爪提起后转动 90° 时，棘轮便与棘爪脱离接触，此时可手动进给。

5.2.2　龙门刨床

龙门刨床因有一个"龙门"式的框架而得名。与牛头刨床不同的是，在龙门刨床上加工时，零件随工作台的往复直线运动为主运动，进给运动是垂直刀架沿横梁上的水平移动和侧刀架在立柱上的垂直移动。

龙门刨床适用于刨削大型零件，零件长度可达几米、十几米、甚至几十米。也可在工作台上同时装夹几个中、小型零件，用几把刀具同时加工，故生产率较高。龙门刨床特别适于加工各种水平面、垂直面及各种平面组合的导轨面、T 形槽等。龙门刨床的外形如图 5-8 所示。

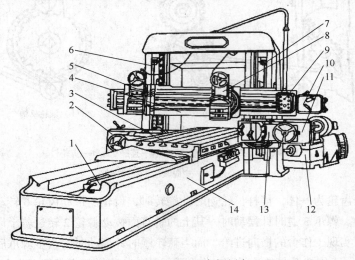

图 5-8　B2010A 型龙门刨床

1—液压安全器　2—左侧刀架进给箱　3—工作台　4—横梁　5—左垂直刀架　6—左立柱

7—右立柱　8—右垂直刀架　9—悬挂按钮站　10—垂直刀架进给箱　11—右侧刀架进给箱

12—工作台减速箱　13—右侧刀架　14—床身

龙门刨床的主要特点是自动化程度高，各主要运动的操纵都集中在机床的悬挂按钮站和电气柜的操纵台上，操纵十分方便；工作台的工作行程和空回行程可在不停车的情况下实现无级变速；横梁可沿立柱上下移动，以适应不同高度零件的加工；所有刀架都有自动抬刀装置，并可单独或同时进行自动或手动进给，垂直刀架还可转动一定的角度，用来加工斜面。

5.3　刨刀及其安装

1. 刨刀

（1）刨刀的几何形状

刨刀的几何形状与车刀相似，但刀杆的截面积比车刀大 1.25～1.5 倍，以承受较大的冲击力。刨刀的前角 γ_o 比车刀稍小，刃倾角取较大的负值，以增加刀头的强度。刨刀的一个显著特点是刨刀的刀头往往做成弯头，图 5-9 所示为弯头刨刀与直头刨刀的比较示意图。做成弯头的目的是为了当刀具碰到零件表面上的硬点时，刀头能绕 O 点向后上方弹起，使切削刃离开零件表面，不会啃入零件已加工表面或损坏切削刃，因此，弯头刨刀比直头刨刀应用更广泛。

（2）刀的种类及其应用

刨刀的形状和种类依加工表面形状不同而有所不同。常用刨刀及其应用如图 5-2 所示。平面刨刀用以加工水平面；偏刀用于加工垂直面、台阶面和斜面；角度偏刀用以加工角度和燕尾槽；切刀用以切断或刨沟槽；内孔刀用以加工内孔表面（如内键槽）；弯切刀用以加工 T 形槽及侧面上的槽；成形刀用以加工成形面。

2. 刨刀的安装

如图 5-10 所示，安装刨刀时，将转盘对准零线，以便准确地控制背吃刀量，刀头不要伸出太长，以免产生振动和折断。直头刨刀伸出长度一般为刀杆厚度的 1.5～2 倍，弯头刨刀伸出长度可稍长些，以弯曲部分不碰刀座为宜。装刀或卸刀时，应使刀尖离开零件表面，以防损坏刀具或者

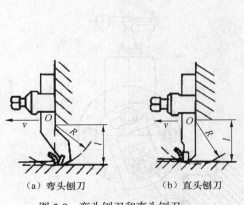

（a）弯头刨刀　　（b）直头刨刀

图 5-9　弯头刨刀和直头刨刀

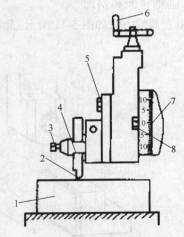

图 5-10　刨刀的安装

1—零件　2—刀头伸出要短　3—刀夹螺钉　4—刀夹
5—刀座螺钉　6—刀架进给手柄
7—转盘对准零线　8—转盘螺钉

擦伤零件表面，必须一只手扶住刨刀，另一只手使用扳手，用力方向自上而下，否则容易将抬刀板掀起，碰伤或夹伤手指。

3. 工件的安装

在刨床上零件的安装方法视零件的形状和尺寸而定。常用的有平口虎钳安装、工作台安装和专用夹具安装等，装夹零件方法与铣削相同，可参照铣床中零件的安装及铣床附件所述内容。

5.4 刨削的基本操作

刨削主要用于加工平面、沟槽和成形面。

5.4.1 刨平面

1. 刨水平面

刨削水平面的顺序如下。

① 正确安装刀具和零件。

② 调整工作台的高度，使刀尖轻微接触零件表面。

③ 调整滑枕的行程长度和起始位置。

④ 根据零件材料、形状、尺寸等要求，合理选择切削用量。

⑤ 试切，先用手动试切。进给 $1\sim1.5$mm 后停车，测量尺寸，根据测得的结果调整背吃刀量，再自动进给进行刨削。当零件表面粗糙度 Ra 值低于 6.3μm 时，应先粗刨，再精刨。精刨时，背吃刀量和进给量应小些，切削速度应适当高些。此外，在刨刀返回行程时，用手掀起刀座上的抬刀板，使刀具离开已加工表面，以保证零件表面质量。

⑥ 检验。零件刨削完工后，停车检验，尺寸和加工精度合格后即可卸下。

2. 刨垂直面和斜面

刨垂直面的方法如图 5-11 所示。此时采用偏刀，并使刀具的伸出长度大于整个刨削面的高度。

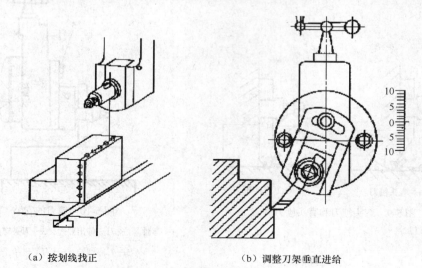

（a）按划线找正　　　　　　　　　（b）调整刀架垂直进给

图 5-11　刨垂直面

刀架转盘应对准零线，以使刨刀沿垂直方向移动。刀座必须偏转 10°～15°，以使刨刀在返回行程时离开零件表面，减少刀具的磨损，避免零件已加工表面被划伤。刨垂直面和斜面的加工方法一般在不能或不便于进行水平面刨削时才使用。

　　刨斜面与刨垂直面基本相同，只是刀架转盘必须按零件所需加工的斜面扳转一定角度，以使刨刀沿斜面方向移动。如图 5-12 所示，采用偏刀或样板刀，转动刀架手柄进行进给，可以刨削左侧或右侧斜面。

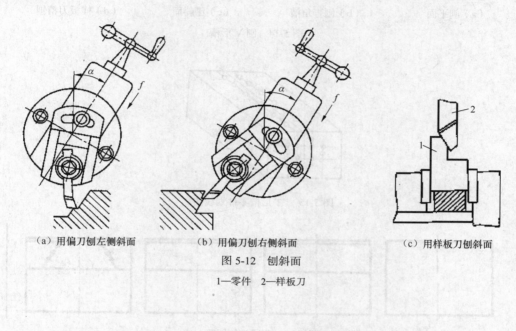

（a）用偏刀刨左侧斜面　　　（b）用偏刀刨右侧斜面　　　（c）用样板刀刨斜面

图 5-12　刨斜面

1—零件　2—样板刀

5.4.2　刨沟槽

1. 刨直槽的方法

刨直槽时用切刀以垂直进给完成，如图 5-13 所示。

2. 刨 V 形槽的方法

如图 5-14 所示，先按刨平面的方法把 V 形槽粗刨出大致形状，如图 5-14（a）所示；然后用切刀刨 V 形槽底的直角槽，如图 5-14（b）所示；再按刨斜面的方法用偏刀刨 V 形槽的两斜面，如图 5-14（c）所示；最后用样板刀精刨至图样要求的尺寸精度和表面粗糙度，如图 5-14（d）所示。

3. 刨 T 形槽的方法

刨 T 形槽时，应先在零件端面和上平面划出加工线，如图 5-15 所示。

4. 刨燕尾槽的方法

刨燕尾槽与刨 T 形槽相似，应先在零件端面和上平面划出加工线，如图 5-16 所示。燕尾槽的刨削步骤如图 5-17 所示，但刨侧面时须用角度偏刀，刀架转盘要扳转一定角度。

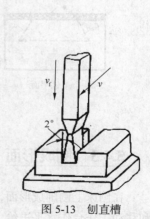

图 5-13　刨直槽

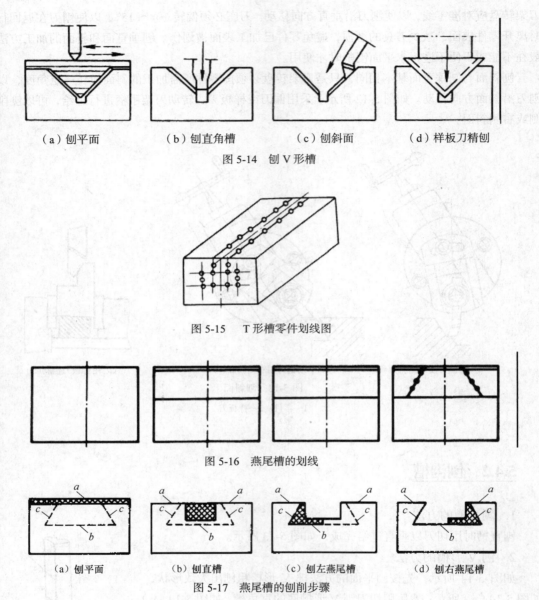

（a）刨平面　　　　（b）刨直角槽　　　　（c）刨斜面　　　　（d）样板刀精刨

图 5-14　刨 V 形槽

图 5-15　T 形槽零件划线图

图 5-16　燕尾槽的划线

（a）刨平面　　　　（b）刨直槽　　　　（c）刨左燕尾槽　　　　（d）刨右燕尾槽

图 5-17　燕尾槽的刨削步骤

5.4.3　刨成形面

在刨床上刨削成形面，通常是先在零件的侧面划线，然后根据划线分别移动刨刀做垂直进给和移动工作台作水平进给，从而加工出成形面，如图 5-2（h）所示。也可用成形刨刀加工，使刨刀刃口形状与零件表面一致，一次成形。

牛头刨床安全操作规程

1. 工件夹紧后，机床开动前，适当地调整滑枕的行程长度和初始位置，调整行程后，必须紧固拉杆和偏心。开车前应检查台面上有无工具和其他物品。

2. 刨刀须牢固地夹在刀架上，刀杆不得伸出太长，吃刀不可太深，以防损坏刨刀。当遇到吃刀困难时应立即停车。

3. 开动刨床后，不要站在滑枕的前方，操作时不得戴手套，不要随意拨动机件。调整切削用量须征得实习指导教师的同意后再停车调节。变速及上刀时必须停车。

4. 刨床工作时，不要用手触摸刨刀和工件。

5. 观察工件时，不准离切削处太近，严禁正对冲头操作。

6. 扳动刀架角度后，必须紧固好螺钉。长行程工作时，刀具缩入冲头导轨要检查刀具是否碰导轨。

7. 测量工件尺寸时必须停车，工件上的切屑须用刷子扫。

8. 量具用好后，必须放在操纵杆下的安全地方。

9. 工作完毕，应将工作台移至中心，切断总电源，做好清洁工作。

龙门刨床安全操作规程

1. 压好工件后，应用手动往返一次，检查确认无障碍后方可开车。

2. 操作时，工作台面禁止站人或堆放物件。

3. 观察工件时，不准将头部伸到刀架与工件之间，否则要停车。

4. 装夹工件时，要把工件底面、床面、清扫干净。毛坯毛面向下时，要用垫铁垫实并压紧。

5. 刨短工件时，每隔 4h 检查一次导轨有无磨损。

6. 开车前根据工件需要，对好刀架与台面行程变向挡铁，紧好挡铁螺钉。

习题

1. 为保证六方体的刨削精度，在刨削工艺上应采取哪些措施？

2. 牛头刨床和龙门刨床的主运动和送给运动各是什么？

3. 刨削的主要加工范围是什么？

4. B665 和 B6065 表示的含义是什么？

5. B665 牛头刨床由哪些主要部分组成？其作用是什么？

6. 为什么牛头刨床的滑枕工作切削时速度慢而退刀时速度快？

7. 牛头刨主挡的滑枕往复速度、行程起始位置、行程长度、进给量是如何进行调整的？

8. 刨刀的刃倾角为什么选择负值？

9. 为什么常用弯头刨刀？

10. 刨削平面、斜面、垂直面、T 形槽、V 形槽时各选用何种刨刀？

11. 刨削垂直面时，为什么刀座要偏转 11°～15°？

12. 为什么刨削生产率低？为什么刨削时切削速度不宜过高？

13. 刨削速度 v 如何计算？

14. 试述刨平面、垂直面、斜面和 T 形槽的方法？

15. 牛头刨床的摆杆机构的作用是什么？

16. 在牛头刨床上刨削平面以前，须对刨床做哪些调整？牛头刨床常用的工件装夹方法有几种？

17. 零件上的 T 形槽和燕尾槽是不是只限于在刨床上才能加工？

18. 精刨铸、锻件毛坯时，为什么选用较大的切削深度？

19. 牛头刨床刀架上的抬刀板起什么作用？

20. 刨削类机床有哪几种？其中哪种机床可加工内孔中的键槽？

第6章

焊接

【学习指南】

1. 了解焊接的种类及应用场合。
2. 掌握焊接原理，典型设备结构及操作。
3. 掌握各种焊接操作方法。

本章重点：焊接工艺。

本章难点：焊接操作方法。

相关链接

焊接技术是随着金属的应用而出现的，古代的焊接方法主要是铸焊、钎焊和锻焊。中国商朝制造的铁刃铜钺，就是铁与铜的铸焊件，其表面铜与铁的熔合线蜿蜒曲折，接合良好。春秋战国时期曾侯乙墓中的建鼓铜座上有许多盘龙，是分段钎焊连接而成的。经分析，所用的材料与现代软钎料成分相近。

战国时期制造的刀剑，刀刃为钢，刀背为熟铁，一般是经过加热锻焊而成的。据明朝宋应星所著《天工开物》一书记载：中国古代将铜和铁一起入炉加热，经锻打制造刀、斧；用黄泥或筛细的陈久壁土撒在接口上，分段煅焊大型船锚。中世纪，在叙利亚大马士革也曾用锻焊制造兵器。

古代焊接技术长期停留在铸焊、锻焊和钎焊的水平上，使用的热源都是炉火，温度低、能量不集中，无法用于大截面、长焊缝工件的焊接，只能用以制作装饰品、简单的工具和武器。

19世纪初，英国的戴维斯发现电弧和氧乙炔焰两种能局部熔化金属的高温热源；1885～1887年，俄国的别纳尔多斯发明碳极电弧焊钳；1900年又出现了铝热焊。20世纪初，碳极电弧焊和气焊得到应用，同时还出现了薄药皮焊条电弧焊，电弧比较稳定，焊接熔池受到熔渣保护，焊接质量得到提高，使焊条电弧焊进入实用阶段，焊条电弧焊从20世纪20年代起成为一种重要的焊接方法。

在此期间，美国的诺布尔利用电弧电压控制焊条送给速度，制成自动电弧焊机，从而成为焊接机械化、自动化的开端。1930 年美国的罗宾诺夫发明使用焊丝和焊剂的埋弧焊，焊接机械化得到进一步发展。20 世纪 40 年代，为适应铝、镁合金和合金钢焊接的需要，钨极和熔化极惰性气体保护焊相继问世。

1951 年苏联的巴顿电焊研究所创造电渣焊，成为大厚度工件的高效焊接法。1953 年苏联的柳巴夫斯基等人发明二氧化碳气体保护焊，促进了气体保护电弧焊的应用和发展，之后出现了混合气体保护焊、药芯焊丝气渣联合保护焊和自保护电弧焊等。

1957 年美国的盖奇发明等离子弧焊；20 世纪 40 年代德国和法国发明的电子束焊，也在 50 年代得到实用和进一步发展；60 年代又出现激光焊等离子、电子束和激光焊接方法的出现，标志着高能量密度熔焊的新发展，大大改善了材料的焊接性，使许多难以用其他方法焊接的材料和结构得以焊接。

其他的焊接技术还有 1887 年美国的汤普森发明电阻焊，并用于薄板的点焊和缝焊；缝焊是压焊中最早的半机械化焊接方法，随着缝焊过程的进行，工件被两滚轮推送前进；20 世纪世纪 20 年代开始使用闪光对焊方法焊接棒材和链条。至此，电阻焊进入实用阶段。1956 年美国的琼斯发明超声波焊；前苏联的丘季科夫发明摩擦焊；1959 年美国斯坦福研究所研究成功爆炸焊；20 世纪 50 年代末前苏联制成真空扩散焊设备。

6.1 焊接概述

焊接是指通过适当的物理化学过程如加热、加压或二者并用等方法，使两个或两个以上分离的物体产生原子（分子）间的结合力而连接成一体的连接方法，是金属加工的一种重要工艺。焊接广泛应用于机械制造、造船业、石油化工、汽车制造、桥梁、锅炉、航空航天、原子能、电子电力、建筑等领域。

1. 焊接的分类

目前在工业生产中应用的焊接方法已达百余种。根据焊接过程和特点可将其分为熔焊、压焊、钎焊三大类，每大类可按不同的方法分为若干小类，如图 6-1 所示。

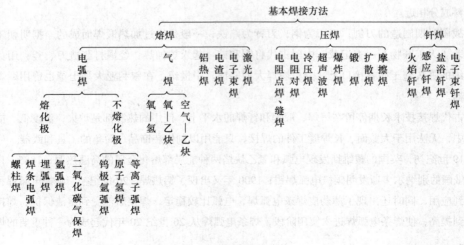

图 6-1　基本焊接方法

（1）熔焊

通过将需连接的两构件的接合面加热熔化成液体，然后冷却结晶连成一体的焊接方法。

（2）压焊

在焊接过程中，对焊件施加一定的压力，同时采取加热或不加热的方式，完成零件连接的焊接方法。

（3）钎焊

利用熔点低于被焊金属的钎料，将零件和钎料加热到钎料熔化，利用钎料润湿母材，填充接头间隙并与母材相互溶解和扩散而实现连接的方法。

2．焊接的发展现状

目前工业生产中广泛应用的焊接方法是 19 世纪末和 20 世纪初现代科学技术发展的产物。特别是冶金学、金属学以及电工学的发展，奠定了焊接工艺及设备的理论基础；而冶金工业、电力工业和电子工业的进步，则为焊接技术的长远发展提供了有利的物质和技术条件。电子束焊、激光焊等 20 余种基本方法和成百种派生方法的相继发明及应用，体现了焊接技术在现代工业中的重要地位。据不完全统计，目前全世界年产量 45%的钢和大量有色金属（工业发达国家焊接用钢量基本达到其钢材总量的 60%～70%)，都是通过焊接加工形成产品的。特别是焊接技术发展到今天，几乎所有的部门（如机械制造、石油化工、交通能源、冶金、电子、航空航天等）都离不开焊接技术。因此，可以这样说，焊接技术的发展水平是衡量一个国家科学技术先进程度的重要标志之一，没有焊接技术的发展，就不会有现代工业和科学技术的今天。

在科学技术飞速发展的当今时代，焊接已经成功地完成了自身的蜕变。很少有人注意到这个过程何时开始、何时结束。但它确实发生在过去的某个时段。我们今天面对着这样一个事实：焊接已经从一种传统的热加工技艺发展到了集材料、冶金、结构、力学、电子等多门类科学为一体的工程工艺学科。而且，随着相关学科技术的发展和进步，不断有新的知识融合在焊接之中。在人类社会步入 21 世纪的今天，焊接已经进入了一个崭新的发展阶段。当今世界的许多最新科研成果、前沿技术和高新技术，如计算机、微电子、数字控制、信息处理、工业机器人、激光技术等，已经被广泛地应用于焊接领域，这使得焊接的技术含量得到了空前的提高，并在制造过程中创造了极高的附加值。在工业化最发达的美国，焊接被视为"美国制造业的命脉，而且是美国未来竞争力的关键所在"。其主要根源就是基于这样一个事实：许多工业产品的制造已经无法离开焊接技术的使用。在人类发展史上留下辉煌篇章的三峡水利工程、西气东输工程以及"神舟"号载人飞船，全部采用了焊接结构。以西气东输工程项目为例，全长约 4 300km 的输气管道，焊接接头的数量竟达 35 万个以上，整个管道上焊缝的长度至少 15 000km。焊接今天已经深深地溶入了现代工业经济中，并在其中显现了十分重要、甚至是不可替代的作用。根据国家统计局发布的《2003年国民经济和社会发展统计公报》，我国 2003 年钢产量为 2.2 亿 t，比上年增长 21%。按照我国焊接用钢量为 40%的比率计算，焊接结构的钢材量接近 9000 万 t。而在工业发达国家，焊接用钢量基本达到其钢材总量的 60%～70%。根据我国 2020 年国民经济发展的总体目标要求以及我国焊接行业的发展趋势预测，我国可能在今后 5～10 年时间内达到 60%的水平。届时我国钢产量将介于2.5 亿～3 亿吨之间，这意味着焊接量将增加一倍，这就形成了对焊接生产效率和劳动力的可观需求。考虑到我国焊接生产效率增长的实际空间，生产率和劳动力之间的联动关系等方面因素，未来我国焊接劳动力的需求可能在百万数量级以上。因此，焊接行业将在今后 5～10 年继续保持增长的势态。

在进入 21 世纪的前夕，美国焊接学会（AWS）曾组织权威专家讨论、制定了美国今后 20 年焊接工业的发展战略。其分析报告对焊接未来做了如下预测：在 2020 年，焊接仍将是金属和其他工程材料连接的优选方法。美国工业界将依靠其在连接技术、产品设计、制造能力和全球竞争力方面的领先优势，成为这些性价比高、性能优越产品的世界主导。

焊接在未来的工业经济中不仅具有广阔的应用空间，而且还将对产品质量、企业的制造能力及其竞争力产生更大的影响。

6.2　电弧焊

电弧焊是利用电弧热源加热零件实现熔化焊接的方法。焊接过程中电弧把电能转化成热能和机械能，加热零件，使焊丝或焊条熔化并过渡到焊缝熔池中去，熔池冷却后形成一个完整的焊接接头。电弧焊应用广泛，可以焊接板厚从 0.1mm 到数百毫米的金属结构件，在焊接领域中占有十分重要的地位。

6.2.1　焊接电弧

电弧是电弧焊接的热源，电弧燃烧的稳定性对焊接质量有重要影响。

1. 焊接电弧

焊接电弧是一种气体放电现象，如图 6-2 所示。当电源两端分别与被焊零件和焊枪相连时，在电场的作用下，电弧阴极产生电子发射，阳极吸收电子，电弧区的中性气体粒子在接受外界能量后电离成正离子和电子，正负带电粒子相向运动，形成两电极之间的气体空间导电过程，借助电弧将电能转换成热能、机械能和光能。

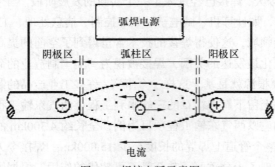

图 6-2　焊接电弧示意图

焊接电弧具有以下特点。

① 温度高，电弧弧柱温度范围为 5 000～30 000K。

② 电弧电压低，范围为 10～80V。

③ 电弧电流大，范围为 10～1000A。

④ 弧光强度高。

2. 电源极性

采用直流电焊接时，弧焊电源正负极输出端与零件和焊枪的连接方式称为极性。如图 6-3 所示，当零件接电源输出正极，焊枪接电源输出负极时，称直流正接或正极性；反之，零件、焊枪分别与电源负、正输出端相连时，则为直流反接或反极性。交流焊接无电源极性问题。

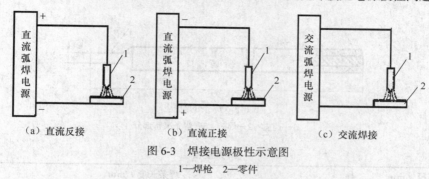

（a）直流反接　　　（b）直流正接　　　（c）交流焊接

图 6-3　焊接电源极性示意图

1—焊枪　2—零件

6.2.2　焊条电弧焊

焊条电弧焊是用手工操纵焊条进行焊接的一种焊接方法，俗称手弧焊，应用非常普遍。

1. 焊条电弧焊的原理

焊条电弧焊方法如图 6-4 所示，焊机电源两输出端通过电缆、焊钳和地线夹头分别与焊条和被焊零件相连。焊接过程中，产生在焊条和零件之间的电弧将焊条和零件局部熔化，受电弧力作用，焊条端部熔化后的熔滴过渡到母材，和熔化的母材融合在一起形成熔池，随着焊工操纵电弧向前移动，熔池金属液逐渐冷却结晶，形成焊缝。

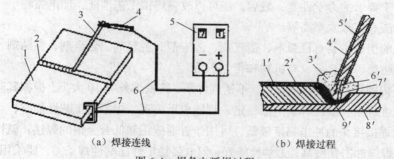

（a）焊接连线　　　（b）焊接过程

图 6-4　焊条电弧焊过程

1—零件　2—焊缝　3—焊条　4—焊钳　5—焊接电源　6—电缆　7—地线夹头　1'—熔渣　2'—焊缝
3'—保护气体　4'—药皮　5'—焊芯　6'—熔滴　7'—电弧　8'—母材　9'—熔池

焊条电弧焊使用设备简单，适应性强，可用于焊接板厚 1.5mm 以上的各种焊接结构件，并能灵活应用在空间位置不规则焊缝的焊接，适用于碳钢、低合金钢、不锈钢、铜及铜合金等金属材料的焊接。由于手工操作，焊条电弧焊也存在缺点，如生产率低，产品质量一定程度上取决于焊工操作技术，焊工劳动强度大等，现在多用于焊接单件、小批量产品和难以实现自动化加工的焊缝。

2. 焊条

焊条电弧焊所用的焊接材料是焊条，焊条主要由焊芯和药皮两部分组成，如图 6-5 所示。

焊芯一般是具有一定长度及直径的金属丝。焊接时，焊芯有两个功能：一是传导焊接电流，产生电弧；二是焊芯本身熔化作为填充金属与熔化的母材熔合形成焊缝。我国生产的焊条，基本

上以含碳、硫、磷较低的专用钢丝（如 H08A）作焊芯制成。焊条规格用焊芯直径代表，焊条长度根据焊条种类和规格，有多种尺寸，如表 6-1 所示。

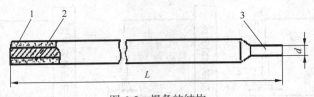

图 6-5　焊条的结构

1—药皮　2—焊芯　3—焊条夹持部分

表 6-1　　　　　　　　　　　　　　　　　焊条规格

焊条直径 d/mm	焊条长度 L/mm		
2.0	250	300	—
2.5	250	300	—
3.2	350	400	450
4.0	350	400	450
5.0	400	450	700
5.8	400	450	700

　　焊条药皮又称涂料，在焊接过程中起着极为重要的作用。首先，它可以起到电极保护作用，利用药皮熔化放出的气体和形成的熔渣，起机械隔离空气作用，防止有害气体侵入熔化金属；其次可以通过熔渣与熔化金属冶金反应，去除有害杂质，添加有益的合金元素，起到冶金处理作用，使焊缝获得合乎要求的力学性能；最后，还可以改善焊接工艺性能，使电弧稳定、飞溅小、焊缝成形好、易脱渣和熔敷效率高等。

　　焊条药皮的组成主要有稳弧剂、造气剂、造渣剂、脱氧剂、合金剂、黏结剂、增塑剂等，其主要成分有矿物类、铁合金、有机物和化工产品。

　　焊条分结构钢焊条、耐热钢焊条、不锈钢焊条、铸铁焊条等 10 大类。根据其药皮组成又分为酸性焊条和碱性焊条。酸性焊条电弧稳定，焊缝成形美观，焊条的工艺性能好，可用交流或直流电源施焊，但焊接接头的冲击韧度较低，可用于普通碳钢和低合金钢的焊接；碱性焊条多为低氢型焊条，所得焊缝冲击韧度高，力学性能好，但电弧稳定性比酸性焊条差，要采用直流电源施焊，反极性接法，多用于重要的结构钢、合金钢的焊接。

　　3. 焊条电弧焊操作技术

　　（1）引弧

　　焊接电弧的建立称引弧，焊条电弧焊有两种引弧方式：划擦法和直击法。划擦法操作是在焊机电源开启后，将焊条末端对准焊缝，并保持两者的距离在 15mm 以内，依靠手腕的转动，使焊条在零件表面轻划一下，并立即提起 2～4mm，电弧引燃，然后开始正常焊接。直击法是在焊机开启后，先将焊条末端对准焊缝，然后稍点一下手腕，使焊条轻轻撞击零件，随即提起 2～4mm，就能使电弧引燃，开始焊接。

　　（2）运条

　　焊条电弧焊是依靠人手工操作焊条运动实现焊接的，此种操作也称运条。运条包括控制焊条角度、焊条送进、焊条摆动和焊条前移，如图 6-6 所示。运条技术的具体运用根据零件材质、接头形式、焊接位置、焊件厚度等因素决定。常见的焊条电弧焊运条方法如图 6-7 所示，直线形运条方法适用于板厚 3～5mm 的不开坡口对接平焊；锯齿形运条法多用于厚板的焊接；月牙形运条法对熔池加热时间长，容易使熔池中的气体和熔渣浮出，有利于得到高质量焊缝；正三角形运条法适合于不开坡口的对接接头和 T 形接头的立焊；正圆圈形运条法适合于焊接较厚零件的平焊缝。

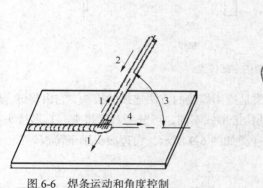

图 6-6　焊条运动和角度控制
1—横向摆动　2—送进　3—焊条与零件
夹角为 70°～80°　4—焊条前移

（a）直线形　　（e）斜三角形
（b）锯齿形　　（f）正三角形
（c）月牙形　　（g）圆圈形
（d）反月牙形　（h）斜圆圈形

图 6-7　常见焊条电弧焊运条方法

（3）焊缝的起头、接头和收尾

焊缝的起头是指焊缝起焊时的操作，由于此时零件温度低、电弧稳定性差，焊缝容易出现气孔、未焊透等缺陷。为避免此现象，应该在引弧后将电弧稍微拉长，对零件起焊部位进行适当预热，并且多次往复运条，达到所需要的熔深和熔宽后再调到正常的弧长进行焊接。在完成一条长焊缝焊接时，往往要消耗多根焊条，这里就有前后焊条更换时焊缝接头的问题。为不影响焊缝成形，保证接头处焊接质量，更换焊条的动作越快越好，并在接头弧坑前约 15mm 处起弧，然后移到原来弧坑位置进行焊接。

焊缝的收尾是指焊缝结束时的操作。焊条电弧焊一般熄弧时都会留下弧坑，过深的弧坑会导致焊缝收尾处缩孔、产生弧坑应力裂纹。焊缝的收尾操作时，应保持正常的熔池温度，做无直线运动的横摆点焊动作，逐渐填满熔池后再将电弧拉向一侧熄灭。此外，还有三种焊缝收尾的操作方法，即划圈收尾法、反复断弧收尾法和回焊收尾法，也在实践中常用。

（4）焊条电弧焊工艺

选择合适的焊接参数是获得优良焊缝的前提，并直接影响劳动生产率。焊条电弧焊工艺是根据焊接接头形式、零件材料、板材厚度、焊缝焊接位置等具体情况制定，包括焊条牌号、焊条直径、电源种类和极性、焊接电流、焊接电压、电弧速度、焊接坡口形式、焊接层数等内容。

焊条型号应主要根据零件材质选择，并参考焊接位置情况决定。电源种类和极性又由焊条牌号而定。电弧电压决定于电弧长度，它与焊接速度对焊缝成形有重要影响作用，一般由焊工根据具体情况灵活掌握。

① 焊接位置。在实际生产中，由于焊接结构和零件移动的限制，焊缝在空间的位置除平焊外，

还有立焊、横焊、仰焊，如图 6-8 所示。平焊操作方便，焊缝成形条件好，容易获得优质焊缝并具有高的生产率，是最合适的位置；其他三种又称空间位置焊，焊工操作较平焊困难，受熔池液态金属重力的影响，需要控制焊接参数并采取一定的操作方法才能保证焊缝成形，其中焊接条件仰焊位置最差，立焊、横焊次之。

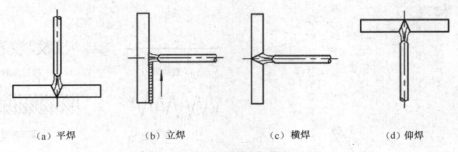

（a）平焊　　　　　（b）立焊　　　　　（c）横焊　　　　　（d）仰焊

图 6-8　焊缝的空间位置

② 焊接接头形式和焊接坡口形式。焊接接头是指用焊接的方法连接的接头，它由焊缝、熔合区、热影响区及其邻近的母材组成。根据接头的构造形式不同，可分为对接接头、T 形接头、搭接接头、角接接头、卷边接头等 5 种类型。前 4 类如图 6-9 所示，卷边接头用于薄板焊接。

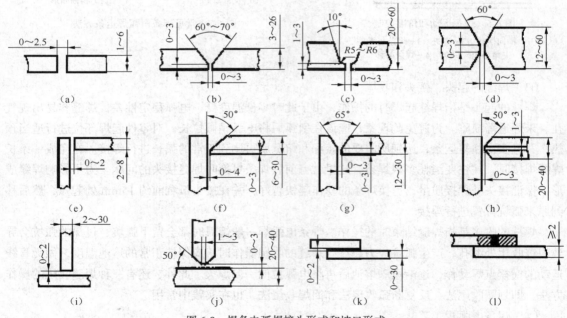

图 6-9　焊条电弧焊接头形式和坡口形式

较厚的焊件焊前需要加工坡口，其目的在于使焊接容易进行，电弧能沿板厚熔敷一定的深度，保证接头根部焊透，并获得良好的焊缝成形。焊接坡口形式有 I 形坡口、V 形坡口、U 形坡口、双 V 形坡口、J 形坡口等多种。常见焊条电弧焊接头的坡口形状和尺寸如图 6-9 所示。对焊件厚度小于 6mm 的焊缝，可以不开坡口或开 I 形坡口；中厚度和大厚度板对接焊，为保证熔透，必须开坡口。V 形坡口便于加工，但零件焊后易发生变形；X 形坡口可以避免 V 形坡口的一些缺点，同时可减少填充材料；U 形及双 U 形坡口，其焊缝填充金属量更小，焊后变形也小，但坡口加工困难，一般用于重要的焊接结构。

③ 焊条直径、焊接电流。一般焊件的厚度越大，选用的焊条直径 d 应越大，同时可选择较大的焊接电流，以提高工作效率。板厚在 3mm 以下时，焊条 d 取值小于或等于板厚；板厚在 4～8 mm 时，d 取 3.2～4mm；板厚在 8～12mm 时，d 取 4～5mm。此外，在中厚板零件的焊接过程中，焊缝往往采用多层焊或多层多道焊完成。低碳钢平焊时，焊条直径 d 和焊接电流 I 的对应关系有经验公式作参考，即

$$I=kd$$

式中　k——经验系数，取值范围在 30～50。

当然焊接电流的选择还应综合考虑各种具体因素。空间位置焊为保证焊缝成形，应选择较细直径的焊条，焊接电流比平焊位置小。在使用碱性焊条时，为减少焊接飞溅，可适当降低焊接电流。

6.2.3　焊接设备

焊接设备包括熔焊、压焊和钎焊所使用的焊机和专用设备，下面主要介绍电弧焊用设备即电弧焊机。

1. 电弧焊机分类

电弧焊机按焊接方法可分为焊条电弧焊机、埋弧焊机、CO_2 气体保护焊机、钨极氩弧焊机、熔化极氩弧焊机和等离子弧焊机；按焊接自动化程度可分为手工电弧焊机、半自动电弧焊机和自动电弧焊机。我国电焊机型号由 7 个字位编制而成，其中不用的字位省略，表 6-2 所示为电弧焊机型号示例。

表 6-2　　　　　　　　　　　　　　　电弧焊机型号示例

电焊机型号	第一字位及大类名称	第二字位及大类名称	第三字位及大类名称	第四字位及大类名称	第五字位及大类名称	电焊机类型
BX1-300	B，交流弧焊电源	X，下降特性	省略	1，动铁芯式	300，额定电流，单位 A	焊条电弧焊用弧焊变压器
ZX5-400	Z，整流弧焊电源	X，下降特性	省略	5，晶闸管式	400，额定电流单位 A	焊条电弧焊用弧焊整流器
ZX7-315	Z，整流弧焊电源	X，下降特性	省略	7，逆变式	315，额定电流，单位 A	焊条电弧焊用弧焊整流器
NBC-300	N，熔化极气体保护焊机	B，半自动焊	C，CO_2保护焊	省略	300，额定电，流单位 A	半自动 CO_2 气体保护焊机
MZ-1000	M，埋弧焊机	Z，自动焊	省略，焊车式	省略，变速送丝	1000，额定电流，单位 A	自动交流埋弧焊机

2. 电弧焊机的组成及功能

根据焊接方法和生产自动化水平，电弧焊机可以由以下一个或数个部分组成。

（1）弧焊电源

弧焊电源是对焊接电弧提供电能的一种装置，为电弧焊机的主要组成部分，能够直接用于焊条电弧焊。

弧焊电源根据输出电流可分成交流弧焊电源和直流弧焊电源。交流电源的主要种类是弧焊变压器。直流电源有弧焊发电机和弧焊整流器两大类，由于用材多，耗能大，弧焊发电机现已很少生产和使用。弧焊整流器主要品种有硅整流式、晶闸管整流式和逆变电源式。其中逆变电源具有体积小、质量轻、高效节能、优良的工艺性能等优点，目前发展最快。

（2）送丝系统

送丝系统是在熔化极自动焊和半自动焊中提供焊丝自动送进的装置。为满足大范围的均匀调速和送丝速度的快速响应，一般采用直流伺服电动机驱动。送丝系统有推丝式和拉丝式两种送丝方式，如图6-10所示。

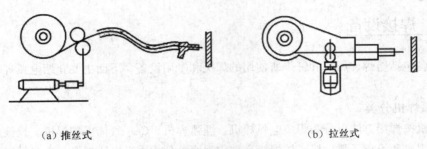

（a）推丝式　　　　　　　　　　　（b）拉丝式

图6-10　熔化极半自动焊送丝方式

（3）行走机构

行走机构是使焊接机头和零件之间产生一定速度的相对运动，以完成自动焊接过程的机械装置。若行走机构是为焊接某些特定的焊缝或结构件而设计，则其焊机称专用焊接机，如埋弧堆焊机、管-板专用钨极氩弧焊机等。通用的自动焊机可广泛用于各种结构的对接、角接、环焊缝和圆筒纵缝的焊接，在埋弧焊方法中最为常见，其行走机构有小车式、门架式、悬臂式三类，如图6-11所示。

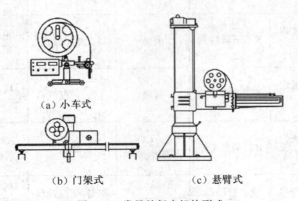

（a）小车式

（b）门架式　　　　　　　　（c）悬臂式

图6-11　常见的行走机构形式

（4）控制系统

控制系统是实现熔化极自动电弧焊焊接参数自动调节和焊接程序自动控制的电气装置。

为了获得稳定的焊接过程，需要合理选择焊接参数，如焊接电流、电弧电压、焊接速度等，并且保证焊接参数在焊接过程中稳定。由于在实际生产中往往发生零件与焊枪之间距离波动、送丝阻力变化等干扰，引起弧长的变化，造成焊接参数不稳定。焊条电弧焊是利用焊工眼睛、脑、手配合适时调整弧长，电弧焊自动调节系统则应用闭环控制系统进行调节，如图 6-12 所示。目前，常用的自控系统有电弧电压反馈调节器和焊接电流反馈调节器。

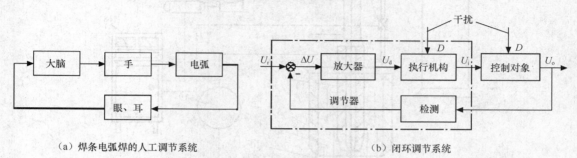

（a）焊条电弧焊的人工调节系统　　　　　　　　（b）闭环调节系统

图 6-12　电弧焊调节系统

焊接程序自动控制是指以合理的次序使自动弧焊机各个工作部件进入特定的工作状态。其工作内容主要是在焊接引弧和熄弧过程中，对控制对象包括弧焊电源、送丝机构、行走机构、电磁气阀、引弧器、焊接工装夹具的状态和参数进行控制。图 6-13 所示为熔化极气体保护自动电弧焊的典型程序循环图。

（5）送气系统

送气系统在气体保护焊中使用，一般包括储气瓶、减压表、流量计、电磁气阀、软管。气体保护焊常用气体为氩气和 CO_2。氩气瓶内装高压氩气，满瓶压力为 15.2 MPa；CO_2 气瓶灌入的是液态 CO_2，在室温下，瓶内剩余空间被汽化的 CO_2 充满，饱和压力达到 5MPa 以上。

图 6-13　熔化极气体保护自动焊程序循环图

Q_1—保护气体流量　U—电弧电压　I—焊接电流

v_f—送丝速度　　v_w—焊接速度

减压表用以减压和调节保护气体压力，流量计是标定和调节保护气体流量，两者联合使用，使最终焊枪输出的气体符合焊接参数要求。电磁气阀是控制保护气体通断的元件，有交流驱动和直流驱动两种。气体从气瓶减压输出后，流过电磁气阀，通过橡胶或塑料制软管，进入焊枪，最后由喷嘴输出，把电弧区域的空气机械排开，起到防止污染的作用。

6.2.4　常用电弧焊方法

除焊条电弧焊外，常用电弧焊方法还有埋弧焊、CO_2 气体保护焊、钨极氩弧焊、熔化极氩弧焊和等离子弧焊。

1. CO_2 气体保护焊

CO_2 气体保护焊是一种用 CO_2 气体作为保护气的熔化极气体电弧焊方法。工作原理如图 6-14 所示，弧焊电源采用直流电源，电极的一端与零件相连，另一端通过导电嘴将电流馈送给焊丝，这样焊丝端部与零件熔池之间建立电弧，焊丝在送丝机滚轮驱动下不断送进，零件和焊丝在电弧

热作用下熔化并最后形成焊缝。

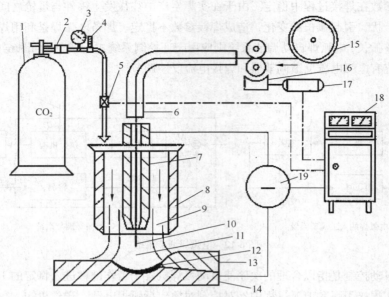

图 6-14　CO_2 气体保护焊示意图

1—CO_2 气瓶　2—干燥预热器　3—压力表　4—流量计　5—电磁气阀　6—软管　7—导电嘴　8—喷嘴
9—CO_2 保护气体　10—焊丝　11—电弧　12—熔池　13—焊缝　14—零件　15—焊丝盘
16—送丝机构　17—送丝电动机　18—控制箱　19—直流电源

CO_2 气体保护焊工艺具有生产率高、焊接成本低、适用范围广、焊缝质量好等优点。其缺点是焊接过程中飞溅较大，焊缝成形不够美观、目前人们正通过改善电源动特性或采用药芯焊丝的方法来解决此问题。

CO_2 气体保护焊设备可分为半自动焊和自动焊两种类型，其工艺适用范围广，粗丝（$\phi \geq$ 2.4mm）大参数可以焊接厚板，中细丝用于焊接中厚板、薄板及全位置焊缝。

CO_2 气体保护焊主要用于焊接低碳钢及低合金高强钢，也可以用于焊接耐热钢和不锈钢，可进行自动焊及半自动焊。目前广泛用于汽车、轨道客车制造、船舶制造、航空航天、石油化工机械等诸多领域。

2. 氩弧焊

以惰性气体氩气作保护气的电弧焊方法有钨极氩弧焊和熔化极氩弧焊两种。

（1）钨极氩弧焊

它是以钨棒作为电弧的一极的电弧焊方法，钨棒在电弧焊中是不熔化的，故又称不熔化极氩弧焊，简称 TIG 焊。焊接过程中可以用从旁送丝的方式为焊缝填充金属，也可以不加填丝；可以手工焊也可以进行自动焊；它可以使用直流、交流和脉冲电流进行焊接。工作原理如图 6-15 所示。

由于被惰性气体隔离，焊接区的熔化金属不会受到空气的有害作用，所以钨极氩弧焊可用以焊接易氧化的有色金属如铝、镁及其合金，也用于不锈钢、铜合金以及其他难熔金属的焊接。因其电弧非常稳定，还可以用于焊薄板及全位置焊缝。钨极氩弧焊在航空航天、原子能、石油化工、电站锅炉等行业应用较多。

钨极氩弧焊的缺点是钨棒的电流负载能力有限，焊接电流和电流密度比熔化极弧焊低，焊缝熔深浅，焊接速度低，厚板焊接要采用多道焊和加填充焊丝，生产效率受到影响。

（2）熔化极氩弧焊

又称 MIG 焊，用焊丝本身作电极，相比钨极氩弧焊而言，电流及电流密度大大提高，因而母材熔深大，焊丝熔敷速度快，提高了生产效率，特别适用于中等和厚板铝及铝合金、铜及铜合金、不锈钢以及钛合金焊接，脉冲熔化极氩弧焊用于碳钢的全位置焊。

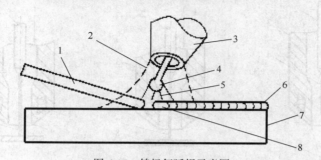

图 6-15　钨极氩弧焊示意图

1—填充焊丝　2—保护气体　3—喷嘴　4—钨极　5—电弧　6—焊缝　7—零件　8—熔池

3. 埋弧焊

埋弧焊电弧产生于堆敷了一层焊剂下的焊丝与零件之间，受到熔化的焊剂——熔渣以及金属蒸气形成的气泡壁所包围。气泡壁是一层液体熔渣薄膜，外层有未熔化的焊剂，电弧区得到良好的保护，电弧光也散发不出去，故被称为埋弧焊，如图 6-16 所示。

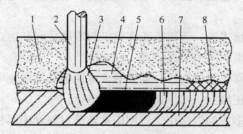

图 6-16　埋弧焊示意图

1—焊剂　2—焊丝　3—电弧　4—熔渣　5—熔池　6—焊缝　7—零件　8—渣壳

相比焊条电弧焊，埋弧焊有 3 个主要优点。

① 焊接电流和电流密度大，生产效率高，是焊条电弧焊生产率的 5～10 倍。

② 焊缝含氮、氧等杂质低，成分稳定，质量高。

③ 自动化水平高，没有弧光辐射，工人劳动条件较好。

埋弧焊的局限在于受到焊剂敷设限制，不能用在空间位置焊缝的焊接；由于埋弧焊焊剂的成分主要是 MnO 和 SiO_2 等金属及非金属氧化物，不适合焊接铝、钛等易氧化的金属及其合金；另外薄板、短及不规则的焊缝一般不采用埋弧焊。

可用埋弧焊方法焊接的材料有碳素结构钢、低合金钢、不锈钢、耐热钢、镍基合金和铜合金等。埋弧焊在中、厚板对接及角接接头焊接中有广泛应用，14mm 厚以下板材对接可以不开坡口。埋弧焊也可用于合金材料的堆焊上。

4. 等离子弧焊接

等离子弧是一种压缩电弧，通过焊枪特殊设计将钨电极缩入焊枪喷嘴内部，在喷嘴中通以等

离子气，强迫电弧通过喷嘴的孔道，借助水冷喷嘴的外部拘束条件，利用机械压缩作用、热收缩作用和电磁收缩作用，使电弧的弧柱横截面受到限制，产生温度达 24 000～50 000K、能量密度达 10^5～10^6W/cm^2 的高温、高能量密度的压缩电弧。

等离子弧按电源供电方式不同，分为 3 种形式，如图 6-17 所示。

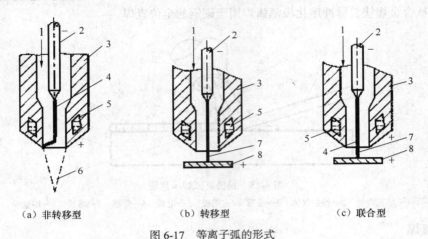

（a）非转移型　　　　　　（b）转移型　　　　　　（c）联合型

图 6-17　等离子弧的形式

1—离子气　2—钨极　3—喷嘴　4—非转移弧　5—冷却水　6—弧焰　7—转移弧　8—零件

（1）非转移型等离子弧

电极接电源负极，喷嘴接正极，而零件不参与导电。电弧是在电极和喷嘴之间产生。

（2）转移型等离子弧

钨极接电源负极，零件接正极，等离子弧在钨极与零件之间产生。

（3）联合型（又称混合型）等离子弧

这种弧是转移弧和非转移弧同时存在，需要两个电源独立供电。电极接两个电源的负极，喷嘴及零件分别接各个电源的正极。

等离子弧在焊接领域有多方面的应用，可用于从超薄材料到中厚板材的焊接，一般离子气和保护气采用氩气、氦气等惰性气体，可以用于低碳钢、低合金钢、不锈钢、铜、镍合金及活性金属的焊接。等离子弧也可用于各种金属和非金属材料的切割，粉末等离子弧堆焊可用于零件制造和修复时堆焊硬质耐磨合金。

6.3　其他焊接方法

除了电弧焊以外，气焊、钎焊等焊接方法在金属材料连接作业中也有着重要的应用。

1. 气焊

气焊是利用气体火焰加热并熔化母体材料和焊丝的焊接方法。与电弧焊相比，其优点如下。

① 气焊不需要电源，设备简单。

② 气体火焰温度比较低，熔池容易控制，易实现单面焊双面成形，并可以焊接很薄的零件。

③ 在焊接铸铁、铝及铝合金、铜及铜合金时焊缝质量好。

气焊也存在热量分散，接头变形大，不易自动化，生产效率低，焊缝组织粗大，性能较差等缺陷。

气焊常用于薄板的低碳钢、低合金钢、不锈钢的对接、端接，在熔点较低的铜、铝及其合金的焊接中仍有应用，也比较适于焊接需要预热和缓冷的工具钢、铸铁。

气焊主要采用氧乙炔火焰，在两者的混合比不同时，可得到以下 3 种不同性质的火焰。

（1）中性焰

如图 6-18（a）所示，当氧气与乙炔的混合比为 1～1.2 时，燃烧充分，燃烧过后无剩余氧或乙炔，热量集中，温度可达 3050～3150℃。它由焰心、内焰、外焰三部分组成，焰心是呈亮白色的圆锥体，温度较低；内焰呈暗紫色，温度最高，适用于焊接；外焰颜色从淡紫色逐渐向橙黄色变化，温度下降，热量分散。中性焰应用最广，低碳钢、中碳钢、铸铁、低合金钢、不锈钢、纯铜、锡青铜、铝及铝合金、镁合金等气焊都使用中性焰。

（a）中性焰

（2）碳化焰

如图 6-18（b）所示，当氧气与乙炔的混合比小于 1 时，部分乙炔未燃烧，焰心较长，呈蓝白色，温度最高达 2700～3000℃。由于过剩的乙炔分解的炭粒和氢气的原因，有还原性，焊缝含氢增加，焊低碳钢时有渗碳现象，适用于气焊高碳钢、铸铁、高速钢、硬质合金、铝青铜等。

（b）碳化焰

（3）氧化焰

如图 6-18（c）所示，当氧气与乙炔的混合比大于 1.2 时，

图 6-18　氧—乙炔火焰形态
1—焰心　2—内焰　3—外焰

燃烧过后的气体仍有过剩的氧气，焰心短而尖，内焰区氧化反应剧烈，火焰挺直发出"嘶嘶"声，温度可达 3100～3300℃。由于火焰具有氧化性，焊接碳钢易产生气体，并出现熔池沸腾现象，很少用于焊接，轻微的氧化焰适用于气焊黄铜、锰黄铜、镀锌铁皮等。

2．钎焊

钎焊是利用比被焊材料熔点低的金属作钎料，经过加热使钎料熔化，靠毛细管作用将钎料吸入到接头接触面的间隙内，润湿被焊金属表面，使液相与固相之间相互扩散而形成钎焊接头的焊接方法。

钎焊材料包括钎料和钎剂。钎料是钎焊用的填充材料，在钎焊温度下具有良好的润湿性，能充分填充接头间隙，与焊件材料发生一定的溶解、扩散作用，保证和焊件形成牢固的结合。在钎料的液相线温度高于 450℃时，接头强度高，称为硬钎焊；低于 450℃时，接头强度低，称为软钎焊。钎料按化学成分可分为锡基、铅基、锌基、银基、铜基、镍基、铝基、镓基等多种。

钎剂的主要作用是去除钎焊零件和液态钎料表面的氧化膜，保护母材和钎料在钎焊过程中不进一步氧化，并改善钎料对焊件表面的湿润性。钎剂种类很多，软钎剂有氯化锌溶液、氯化锌氯化铵溶液、盐酸、松香等，硬钎剂有硼砂、硼酸、氯化物等。

根据热源和加热方法的不同钎焊也可分为：火焰钎焊、感应钎焊、炉中钎焊、浸沾钎焊、电阻钎焊等。

钎焊具有以下优点。

① 钎焊时由于加热温度低，对零件材料的性能影响较小，焊接的应力和变形比较小。

② 可以用于焊接碳钢、不锈钢、高合金钢、铝、铜等金属材料，也可以用于连接异种金属以

及金属与非金属。

③ 可以一次完成多个零件的钎焊，生产率高。

钎焊的缺点是接头的强度一般比较低，耐热能力较差，适于焊接承受载荷不大和常温下工作的接头。另外钎焊之前对焊件表面的清理和装配要求比较高。

6.4 焊接缺陷

迅速发展的现代焊接技术，已能在很大程度上保证其产品的质量，但由于焊接接头为一性能不均匀体，应力分布又复杂，制造过程中也不可能绝对不产生焊接缺陷，更不能排除产品在运行中出现新缺陷。

1. 焊接变形

工件焊后一般都会产生变形，如果变形量超过允许值，就会影响使用。焊接变形的几个实例如图 6-19 所示，产生的主要原因是焊件不均匀地局部加热和冷却。因为焊接时，焊件仅在局部区域被加热到高温，离焊缝越近，温度越高，膨胀也越大。但是，加热区域的金属因受到周围温度较低的金属阻止，却不能自由膨胀；而冷却时又由于周围金属的牵制不能自由地收缩。结果这部分加热的金属存在拉应力，而其他部分的金属则存在与之平衡的压应力。当这些应力超过金属的屈服极限时，将产生焊接变形；当超过金属的强度极限时，则会出现裂纹。

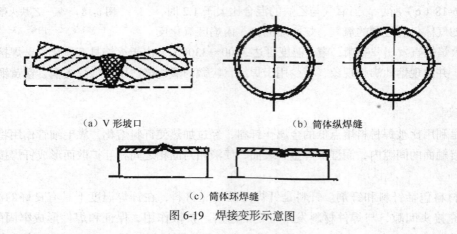

（a）V 形坡口 （b）筒体纵焊缝

（c）筒体环焊缝

图 6-19　焊接变形示意图

2. 焊缝的外部缺陷

（1）焊缝余高过高

如图 6-20 所示，当焊接坡口的角度开得太小或焊接电流过小时，均会出现这种现象。焊件焊缝的危险平面已从 $M—M$ 平面过渡到熔合区的 $N—N$ 平面，由于应力集中易发生破坏，因此，为提高压力容器的疲劳寿命，要求将焊缝的增强高铲平。

（2）焊缝过凹

如图 6-21 所示，因焊缝工作截面的减小而使接头处的强度降低。

（3）焊缝咬边

在工件上沿焊缝边缘所形成的凹陷叫咬边，如图 6-22 所示。它不仅减少了接头工作截面，而且在咬边处造成严重的应力集中。

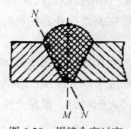

图 6-20　焊缝余高过高

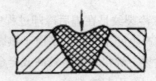

图 6-21　焊缝过凹

（4）焊瘤

熔化金属流到溶池边缘未溶化的工件上，堆积形成焊瘤，它与工件没有熔合，如图 6-23 所示。焊瘤对静载强度无影响，但会引起应力集中，使动载强度降低。

（5）烧穿

如图 6-24 所示。烧穿是指部分熔化金属从焊缝反面漏出，甚至烧穿成洞，它使接头强度下降。

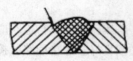
图 6-22 焊缝咬边

图 6-23 焊瘤

图 6-24 烧穿

以上五种缺陷存在于焊缝的外表，肉眼就能发现，并可及时补焊。如果操作熟练，一般是可以避免的。

3. 焊缝的内部缺陷

（1）未焊透

未焊透是指工件与焊缝金属或焊缝层间局部未熔合的一种缺陷。未焊透减弱了焊缝工作截面，造成严重的应力集中，大大降低接头强度，它往往成为焊缝开裂的根源。

（2）夹渣

焊缝中夹有非金属熔渣，即称夹渣。夹渣减少了焊缝工作截面，造成应力集中，会降低焊缝强度和冲击韧性。

（3）气孔

焊缝金属在高温时，吸收了过多的气体（如 H_2），或由于溶池内部冶金反应产生的气体（如 CO）在溶池冷却凝固时来不及排出，而在焊缝内部或表面形成孔穴，即为气孔。气孔的存在减少了焊缝有效工作截面，降低了接头的机械强度。若有穿透性或连续性气孔存在，会严重影响焊件的密封性。

（4）裂纹

焊接过程中或焊接完成以后，在焊接接头区域内所出现的金属局部破裂叫裂纹。裂纹可能产生在焊缝上，也可能产生在焊缝两侧的热影响区。有时产生在金属表面，有时产生在金属内部。通常按照裂纹产生的机理不同，可分为热裂纹和冷裂纹两类。

① 热裂纹。热裂纹是在焊缝金属中由液态到固态的结晶过程中产生的，大多产生在焊缝金属中。其产生原因主要是焊缝中存在低熔点物质（如 FeS，熔点 1193℃），它削弱了晶粒间的联系，

当受到较大的焊接应力作用时，就容易在晶粒之间引起破裂。焊件及焊条内含 S、Cu 等杂质多时，就容易产生热裂纹。热裂纹有沿晶界分布的特征。当裂纹贯穿表面与外界相通时，则具有明显的氢化倾向。

② 冷裂纹。冷裂纹是在焊后冷却过程中产生的，大多产生在基体金属或基体金属与焊缝交界的熔合线上。其产生的主要原因是由于热影响区或焊缝内形成了淬火组织，在高应力作用下，引起晶粒内部的破裂，焊接含碳量较高或合金元素较多的易淬火钢材时，最易产生冷裂纹。焊缝中熔入过多的氢，也会引起冷裂纹。

裂纹是最危险的一种缺陷，它除了减少承载截面之外，还会产生严重的应力集中，在使用中裂纹会逐渐扩大，最后可能导致构件的破坏。所以焊接结构中一般不允许存在这种缺陷，一经发现须铲去重焊。

焊条电弧焊工安全操作规程

1. 应掌握一般电气知识，遵守焊工一般安全规程，还应熟悉灭火技术、触电急救及人工呼吸方法。

2. 工作前必须穿戴好防护用品。操作时（包括清渣）所有工作人员必须戴好防护眼镜或面罩。仰面焊接应扣紧衣领，扎紧袖口，戴好防火帽。

3. 工作前应该检查焊机电源线、引出线及各接线点是否良好；若线路横越车行道时应架空或加保护盖；焊机二次线路及外壳必须有良好接地；电焊钳把绝缘必须良好。焊接回路线接头不宜超过三个。

4. 下雨天不准露天电焊。在潮湿地带工作时，应站在铺有绝缘物品的地方并穿好绝缘鞋。

5. 移动式电焊机从电力网上接线或拆线，以及接地、更换熔丝等工作，均应由电工进行。

6. 推闸刀开关时身体要偏斜些，要一次推足，然后开启电焊机；停机时，要先关电焊机，才能拉断电源开关。

7. 移动电焊机位置，须先停机断电；焊接中突然停电，应立即关好电焊机。焊接电缆接头移动后应进行检查，保证牢固可靠。

8. 在人多的地方焊接时，应安设遮拦挡住弧光。无遮拦时应提醒周围人员不要直视弧光。

9. 换焊条时应戴好手套，身体不要靠在铁板或其他导电物件上。敲渣时应戴上防护眼镜。

10. 焊接有色金属器件时，应加强通风排毒，必要时使用过滤式防毒面具。

11. 修理压力管道、易燃易爆气（液）体管道或在有易燃易爆物泄漏的地方进行焊接时，要事先通知有关部门及消防、安技部门，得到允许后方可工作。工作前必须关闭气（液）源，加强通风，把余气（液）排除干净。修理机械设备，应将其保护零（地）线暂时拆开，焊完后再行连接。

12. 焊机启动后，焊工的手和身体不应随便接触二次回路导体，如焊钳或焊枪的带电部位、工作台、所焊工件等。在容器内作业、潮湿、狭窄部位作业，夏天身上出汗或阴雨天等情况下，应穿干燥衣物，必要时要铺设橡胶绝缘垫。在任何情况下，都不得使操作者自身成为焊接回路的一部分。

手工气焊（割）工安全操作规程

1. 严格遵守一般焊工安全操作规程和有关溶解乙炔气瓶、水封安全器、橡胶软管、氧气瓶的安全使用规则和焊（割）炬安全操作规程。

2. 工作前必须检查所有设备。乙炔发生器、氧气瓶及橡胶软管的接头以及紧固件均应紧固牢靠，不准有松动、破损和漏气现象。氧气瓶及其附件、橡胶软管、工具上不能沾染油脂和泥垢。

3. 检查设备、附件及管路漏气情况时，只准用肥皂水试验。试验时，周围不准有明火，不准吸烟。

4. 氧气瓶、乙炔气瓶与明火间的距离应在 10m 以上。如条件限制也不准小于 5m，并应采取隔离措施。

5. 禁止用易产生火花的工具开启氧气或乙炔阀门。

6. 气瓶设备管道冻结时，严禁用火烤或用工具敲击。氧气阀或管道要用不高于 40℃ 的温水熔化；回火保险器及管道可用热水或蒸汽加热解冻。

7. 焊接场地应有相应的消防器材。露天作业时应防止阳光直射在气瓶上。

8. 压力容器及压力表、安全阀，应按规定定期送交校验和试验。检查、调整压力器件及安全附件，应采取措施，消除余气后才能进行。

9. 工作完毕或离开工作现场时，要拧紧气瓶的安全帽，收拾现场，把气瓶和乙炔发生器放在指定地点。

习题

1. 焊接有什么特点？
2. 金属的焊接方法有哪些？
3. 什么是焊接电弧？
4. 说明电弧的构造，并标注三个区域的温度。
5. 焊条电弧焊设备有哪几种？各有什么特点？
6. 说明焊条电弧焊焊条的结构及其作用。
7. 举例说明焊条的牌号，说明牌号的符号和数字的意义。
8. 选用焊条时应考虑哪些原则？
9. 焊条电弧焊的焊前准备有哪些？
10. 什么叫焊接坡口？开坡口的目的是什么？常见的坡口形式有哪些？
11. 焊条电弧焊的焊接参数有哪些内容？如何正确选择此规范？
12. 焊条电弧焊引弧方法有哪几种？
13. 焊条电弧焊引弧后焊条应做哪三个基本运动？
14. 焊接的空间位置有哪几种？
15. 焊接变形类型有哪几种？造成各类焊接变形的原因是什么？
16. 为了防止焊接变形应采取什么措施？
17. 气焊、气割的设备和工具有哪些？氧气切割的原理是怎样的？
18. 气焊的火焰形式有哪几种？最常用的是哪一种？
19. 何谓焊缝？何谓焊接接头？

20. 气焊黄铜、低碳钢、硬质合金刀头时，各应采用何种火焰？

21. 焊条电弧焊有哪几种接头形式？

22. 用焊条电弧焊对接平焊 4mm 的板料（Q235A）时，怎样确定焊条的直径与焊接电流？

23. 手弧焊有哪些引弧方法？如何收尾？

24. 气焊时，点燃火焰的顺序应是什么（先开氧气阀后开乙炔气阀／先开乙炔气阀后开氧气阀）？熄灭火焰的顺序应是什么（先关氧气阀后关乙炔气阀／先关乙炔气阀后关氧气阀）？

第7章

特种加工技术

【学习指南】

1. 了解线切割电火花的加工原理及应用场合。
2. 掌握线切割电火花机床结构组成、操作及编程。
3. 掌握线切割电火花机床加工的工艺流程。

本章重点：线切割电火花工艺。

本章难点：线切割电火花编程操作。

相关链接

20世纪中期，前苏联拉扎林科夫妇研究开关触点受火花放电腐蚀损坏的现象和原因时，发现电火花的瞬时高温可以使局部的金属熔化、氧化而被腐蚀掉，从而开创和发明了电火花加工方法，线切割放电机也于1960年在前苏联发明。当时以投影器观看轮廓面前后左右手动进给工作台面加工，其加工速度虽慢，却可加工传统机械不易加工的微细形状。代表的实用例子是化织喷嘴的异形孔加工。中国的高速走丝电火花线切割机床起源于20世纪70年代初，受当时较落后的电子工业影响，发展比较缓慢。进入20世纪80年代，市场经济的号角得到了众多中小型线切割机床生产厂的响应。但当时多数小型的线切割机床生产厂还处在原始资本的积累阶段，往往不具备整机制造能力，只能是组装式生产，生产全过程的质量控制根本谈不上，研发、创新就更不可能。演化到20世纪90年代，就不可避免进入了一个无序竞争的状态。高速走丝线切割机和为由我国自主研发的一项技术，在整个机械加工史上具有着里程碑的意义。

7.1 数控电火花线切割加工

电火花线切割加工是电火花加工的一个分支，是一种直接利用电能和热能进行加工的工艺方法，它用一根移动的导线（电极丝）作为工具电极对工件进行切割，故称线切割加工。线切割加工中，工件和电极丝的相对运动是由数字控制实现的，故又称为数控电火花线切割加工，简称线切割加工。

7.1.1 数控电火花线切割加工机床的分类与组成

1. 数控电火花线切割加工机床的分类

（1）按走丝速度分

可分为慢速走丝方式和高速走丝方式线切割机床。

（2）按加工特点分

可分为大、中、小型以及普通直壁切割型与锥度切割型线切割机床。

（3）按脉冲电源形式分

可分为 RC 电源、晶体管电源、分组脉冲电源及自适应控制电源线切割机床。

数控电火花线切割加工机床的型号示例如下。

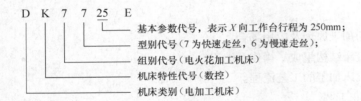

D K 7 7 <u>25</u> E

基本参数代号，表示 X 向工作台行程为 250mm；

型别代号（7 为快速走丝，6 为慢速走丝）；

组别代号（电火花加工机床）

机床特性代号（数控）

机床类别（电加工机床）

2. 数控电火花线切割加工机床的基本组成

数控电火花线切割加工机床可分为机床主机和控制台两大部分。

（1）控制台

控制台中装有控制系统和自动编程系统，能在控制台中进行自动编程和对机床坐标工作台的运动进行数字控制。

（2）机床主机

机床主机主要包括坐标工作台、送丝机构、丝架、冷却系统和床身五个部分。图 7-1 为快走丝线切割机床主机示意图。

① 坐标工作台。它用来装夹被加工的工件，其运动分别由两个步进电机控制。

② 运丝机构。它用来控制电极丝与工件之间产生相对运动。

③ 丝架。它与运丝机构一起构成电极丝的运动系统。它的功能主要是对电极丝起支撑作用，并使电极丝工作部分与工作台平面保持一定的几何角度，以满足各种工件（如带锥工件）加工的需要。

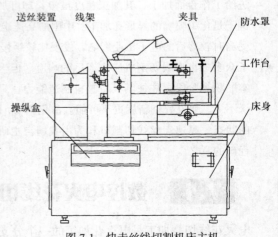

图 7-1　快走丝线切割机床主机

④ 冷却系统。它用来提供一定绝缘性能的工作介质——工作液，同时可对工件和电极丝进行冷却。

7.1.2　数控电火花线切割的加工工艺与工装

1. 数控电火花线切割的加工工艺

线切割的加工工艺主要是电加工参数和机械参数的合理选择。电加工参数包括脉冲宽度和频率、放电间隙、峰值电流等。机械参数包括进给速度和走丝速度等。应综合考虑各参数对加工的影响，合理地选择工艺参数，在保证工件加工质量的前提下，提高生产率，降低生产成本。

（1）电加工参数的选择

正确选择脉冲电源加工参数，可以提高加工工艺指标和加工的稳定性。粗加工时，应选用较大的加工电流和大的脉冲能量，可获得较高的材料去除率（即加工生产率）。而精加工时，应选用较小的加工电流和小的单个脉冲能量，可获得加工工件较低的表面粗糙度。

加工电流就是指通过加工区的电流平均值，单个脉冲能量大小，主要由脉冲宽度、峰值电流、加工幅值电压决定。脉冲宽度是指脉冲放电时脉冲电流持续的时间，峰值电流指放电加工时脉冲电流峰值，加工幅值电压指放电加工时脉冲电压的峰值。

下列电加工参数实例可供使用时参考：

① 精加工。脉冲宽度选择最小挡，电压幅值选择低挡，幅值电压为 75V 左右，接通 1～2 个功率管，调节变频电位器，加工电流控制在 0.8～1.2A，加工表面粗糙度 $Ra \leqslant 2.5 \mu m$。

② 中等厚度工件加工（40～60mm）。脉冲宽度选择 4～5 挡，电压幅值选取"高"值，幅值电压为 100V 左右，功率管全部接通，调节变频电位器，加工电流控制在 4～4.5A，可获得 $100mm^2/min$ 左右的去除率（加工生产率）。

③ 大厚度工件加工（＞300mm）。幅值电压打至"高"挡，脉冲宽度选 5～6 挡，功率管开 4～5 个，加工电流控制在 2.5～3A，材料去除率 ＞$30mm^2/min$。

④ 较大厚度工件加工（60～100mm）。幅值电压打至高挡，脉冲宽度选取 5 挡，功率管开 4 个左右，加工电流调至 2.5～3A，材料去除率 50～$60mm^2/min$。

⑤ 薄工件加工。幅值电压选低挡，脉冲宽度选第一或第二挡，功率管开 2～3 个，加工电流调至 1A 左右。

注意：改变电加工参数，必须关断脉冲电源输出（调整间隔电位器 RP1 除外），在加工过程中一般不应改变，否则会造成加工表面粗糙度不一样。

（2）机械参数的选择

对于普通的快走丝线切割机床，其走丝速度一般都是固定不变的。进给速度的调整主要是电极丝与工件之间的间隙调整。切割加工时进给速度和电蚀速度要协调好，不要欠跟踪或跟踪过紧。进给速度的调整主要靠调节变频进给量，在某一具体加工条件下，只存在一个相应的最佳进给量，此时电极丝的进给速度恰好等于工件实际可能的最大蚀除速度。欠跟踪时使加工经常处于开路状态，降低了生产率，且电流不稳定，容易造成断丝；过紧跟踪时容易造成短路，也会降价材料去除率。一般调节变频进给，使加工电流为短路电流的 0.85 倍左右（电流表指针略有晃动即可），就可保证为最佳工作状态，即此时变频进给速度最合理、加工最稳定、切割速度最高。表 7-1 给

出了根据进给状态调整变频的方法。

表 7-1　　　　　　　　　　　　　根据进给状态调整变频的方法

实 频 状 态	进 给 状 态	加工面状况	切 割 速 度	电 极 丝	变 频 调 整
过跟踪	慢而稳	焦褐色	低	略焦，老化快	应减慢进给速度
欠跟踪	忽慢忽快 不均匀	不光洁 易出深痕	较快	易烧丝，丝上 有白斑伤痕	应加快进给速度
欠佳跟踪	慢而稳	略焦褐，有条纹	低	焦色	应稍增加进给速度
最佳跟踪	很稳	发白，光洁	快	发白，老化慢	不需再调整

2. 电火花线切割加工工艺装备的应用

工件装夹的形式对加工精度有直接影响。一般是在通用夹具上采用压板螺钉固定工件。为了适应各种形状工件加工的需要，还可使用磁性夹具或专用夹具。

（1）常用夹具的名称、用途及使用方法

① 压板夹具。它主要用于固定平板状的工件，对于稍大的工件要成对使用。夹具上如有定位基准面，则加工前应预先用划针或百分表将夹具定位基准面与工作台对应的导轨校正平行，这样在加工批量工件时较方便，因为切割型腔的划线一般是以模板的某一面为基准。夹具成对使用时两件基准面的高度一定要相等，否则切割出的型腔与工件端面不垂直，造成废品。在夹具上加工出 V 形的基准，则可用以夹持轴类工件。

② 磁性夹具。采用磁性工作台或磁性表座夹持工件，主要适应于夹持钢质工件，因它靠磁力吸住工件，故不需要压板和螺钉，操作快速方便，定位后不会因压紧而变动，如图 7-2 所示。

（2）工件装夹的一般要求

① 工件的基准面应清洁无毛刺。经热处理的工件，在穿丝孔内及扩孔的台阶处，要清除热处理残物及氧化皮。

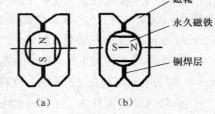

图 7-2　磁性夹具

② 夹具应具有必要的精度，将其稳固地固定在工作台上，拧紧螺钉时用力要均匀。

③ 工件装夹的位置应有利于工件找正，并与机床的行程相适应，工作台移动时工件不得与丝架相碰。

④ 对工件的夹紧力要均匀，不得使工件变形或翘起。

⑤ 大批零件加工时，最好采用专用夹具，以提高生产效率。

⑥ 细小、精密、薄壁的工件应固定在不易变形的辅助夹具上。

3. 支撑装夹方式

主要有悬臂支撑方式、两端支撑方式、桥式支撑方式、板式支撑方式和复式支撑方式等。

4. 工件的调整

工件装夹时，还必须配合找正进行调整，使工件的定位基准面与机床的工作台面或工作台进给方向保持平行，以保证所切割的表面与基准面之间的相对位置精度。常用的找正方法有以下两种。

（1）百分表找正法

如图 7-3 所示，用磁力表架将百分表固定在丝架上，往复移动工作台，按百分表上指示值调整工件位置，直至百分表指针偏摆范围达到所要求的精度。

（2）划线找正法

如图 7-4 所示，利用固定在丝架上的划针对正工件上划出的基准线，往复移动工作台，目测划针与基准线间的偏离情况，调整工件位置，此法适应于精度要求不高的工件加工。

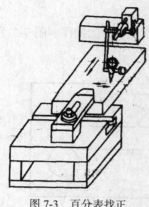
图 7-3　百分表找正

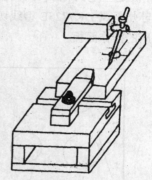
图 7-4　划线找正

5．电极丝位置的调整

线切割加工前，应将电极丝调整到切割的起始坐标位置上，其调整方法有以下几种。

（1）目测法

如图 7-5 所示，利用穿丝孔处划出的十字基准线，分别沿划线方向观察电极丝与基准线的相对位置，根据两者的偏离情况移动工作台，当电极丝中心分别与纵、横方向基准线重合时，工作台纵、横方向刻度盘上的读数就确定了电极丝的中心位置。

（2）火花法

如图 7-6 所示，开启高频及运丝筒（注意：电压幅值、脉冲宽度和峰值电流均要打到最小，且不要开切削液），移动工作台使工件的基准面靠近电极丝，在出现火花的瞬时，记下工作台的相对坐标值，再根据放电间隙计算电极丝中心坐标。此法虽简单易行，但定位精度较差。

图 7-5　目测法调整电极丝位置

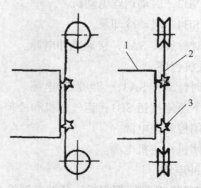
图 7-6　火花法调整电极丝位置
1—工件　2—电极丝　3—火花

（3）自动找正

一般的线切割机床，都具有自动找边、自动找中心的功能，找正精度较高。操作方法因机床而异。

7.1.3　数控电火花线切割机床的操作

1. 数控快走丝电火花线切割机床的操作

本节以苏州长风 DK7725E 型线切割机床为例，介绍线切割机床的操作。图 7-7 为 DK7725E 型线切割机床的操作面板。

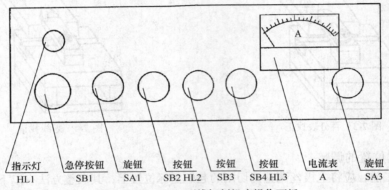

| 指示灯 | 急停按钮 | 旋钮 | 按钮 | 按钮 | 按钮 | 电流表 | 旋钮 |
| HL1 | SB1 | SA1 | SB2 HL2 | SB3 | SB4 HL3 | A | SA3 |

图 7-7　DK7725E 型线切割机床操作面板

2. 开机与关机程序

（1）开机程序

① 合上机床主机上电源总开关。

② 松开机床电气面板上急停按钮 SB1。

③ 合上控制柜上电源开关，进入线切割机床控制系统。

④ 按要求装上电极丝。

⑤ 逆时针旋转 SA1。

⑥ 按 SB2，启动运丝电动机。

⑦ 按 SB4，启动冷却泵。

⑧ 顺时针旋转 SA3，接通脉冲电源。

（2）关机程序

① 逆时针旋转 SA3，切断脉冲电源。

② 按下急停按钮 SB1；运丝电机和冷却泵将同时停止工作。

③ 关闭控制柜电源。

④ 关闭机床主机电源。

3. 脉冲电源

（1）DK7725E 型线切割机床脉冲电源简介

机床电气柜脉冲电源操作面板如图 7-8 所示。其电源参数如下。

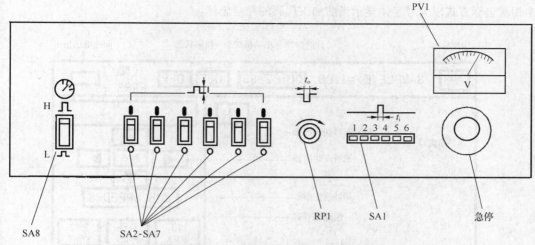

图 7-8　DK7725E 型线切割机床脉冲电源操作面板

SA1—脉冲宽度选择 SA2～SA7—功率管选择 SA8—电压幅值选择 RP1—脉冲间隔调节 PV1—电压幅值指示急停按钮—按下此键，机床运丝、水泵电动机全停，脉冲电源输出切断。

① 脉冲宽度。脉冲宽度 ti 选择开关 SA1 共分六挡，从左边开始往右边分别为：

第一挡：5μs；　　　　　　第二挡：15μs；　　　　　　第三挡：30μs；

第四挡：50μs；　　　　　　第五挡：80μs；　　　　　　第六挡：120μs。

② 功率管。功率管个数选择开关 SA2～SA7 可控制参加工作的功率管个数，如 6 个开关均接通，6 个功率管同时工作，这时峰值电流最大。如 5 个开关全部关闭，只有 1 个功率管工作，此时峰值电流最小。每个开关控制一个功率管。

③ 幅值电压。幅值电压选择开关 SA8 用于选择空载脉冲电压幅值，开关按至 "L" 位置，电压为 75V 左右，按至 "H" 位置，则电压为 100V 左右。

④ 脉冲间隙。改变脉冲间隔 t_0 调节电位器 RP1 阻值，可改变输出矩形脉冲波形的脉冲间隔 t_0，即能改变加工电流的平均值，电位器旋至最左，脉冲间隔最小，加工电流的平均值最大。

⑤ 电压表。电压表 PV1，由 0～150V 直流表指示空载脉冲电压幅值。

4. 线切割机床控制系统

DK7725E 型线切割机床配有 CNC-10A 自动编程和控制系统。

（1）系统的启动与退出

在计算机桌面上双击 YH 图标，即可进入 CNC-10A 控制系统。按 "Ctrl＋Q" 组合键退出控制系统。

（2）CNC-10A 控制系统界面示意图

图 7-9 所示为 CNC-10A 控制系统界面。

（3）CNC-10A 控制系统功能及操作详解

本系统所有的操作按钮、状态、图形显示全部在屏幕上实现。各种操作命令均可用轨迹球或相应的按键完成。鼠标器操作时，可移动鼠标器，使屏幕上显示的光标指向选定的屏幕按钮或位置，然后用鼠标器左键单击，即可选择相应的功能。现将各种控制功能介绍如下（见图 7-9）。

[显示窗口]：该窗口下用来显示加工工件的图形轮廓、加工轨迹或相对坐标、加工代码。

[显示窗口切换标志]：用轨迹球单击该标志（或按 F10 键），可改变显示窗口的内容。系统进入时，首先显示图形，以后每单击一次该标志，依次显示 "相对坐标"、"加工代码"、"图形" ……，

其中相对坐标方式以大号字体显示当前加工代码的相对坐标。

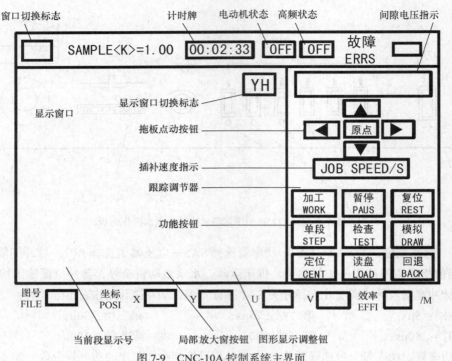

图 7-9　CNC-10A 控制系统主界面

[间隙电压指示]：显示放电间隙的平均电压波形（也可以设定为指针式电压表方式）。在波形显示方式下，指示器两边各有一条 10 等分线段，空载间隙电压定为 100%（即满幅值），等分线段下端的黄色线段指示间隙短路电压的位置。波形显示的上方有两个指示标志：短路回退标志"BACK"，该标志变红色，表示短路；短路率指示，表示间隙电压在设定短路值以下的百分比。

[电动机开关状态]：在电动机标志右边有状态指示标志 ON（红色）或 OFF（黄色）。ON 状态，表示电动机上电锁定（进给）；OFF 状态为电动机释放。单击该标志可改变电动机状态（或用数字小键盘区的 Home 键）。

[高频开关状态]：在脉冲波形图符右侧有高频电压指示标志。ON（红色）、OFF（黄色）表示高频的开启与关闭；单击该标志可改变高频状态（或用数字小键盘区的"PgUp"键）。在高频开启状态下，间隙电压指示将显示电压波形。

[拖板点动按钮]：屏幕右中部有上下左右向四个箭标按钮，可用来控制机床点动运行。若电动机为"ON"状态，单击这四个按钮可以控制机床按设定参数作 X、Y 或 U、V 方向点动或定长走步。在电动机失电状态"OFF"下，单击移动按钮，仅用作坐标计数。

[原点]：用光标点取该按钮（或按"I"键）进入回原点功能。若电机为 ON 状态，系统将控制拖板和丝架回到加工起点（包括"U-V"坐标），返回时取最短路径；若电动机为 OFF 状态，光标返回坐标系原点。

[加工]：工件安装完毕，程序准备就绪后（已模拟无误）可进入加工。单击该按钮（或按"W"键），系统进入自动加工方式。首先自动打开电动机和高频，然后进行插补加工。此时应注意屏幕上间隙电压指示器的间隙电压波形（平均波形）和加工电流。若加工电流过小且不稳定，可单击

跟踪调节器的'+'按钮（或'End'键），加强跟踪效果。反之，若频繁地出现短路等跟踪过快现象，可单击跟踪调节器'-'按钮（或'Page Down'键），至加工电流、间隙电压波形、加工速度平稳。加工状态下，屏幕下方显示当前插补的 X—Y、U—V 绝对坐标值，显示窗口绘出加工工件的插补轨迹。显示窗下方的显示器调节按钮可调整插补图形的大小和位置，或者开启/关闭局部观察窗。单击显示切换标志，可选择图形/相对坐标显示方式。

[暂停]：单击该按钮（或按"P"键或数字小键盘取的"Del"键），系统将终止当前的功能（如加工、单段、控制、定位、回退）。

[复位]：单击该按钮（或按"R"键）将终止当前一切工作，消除数据和图形，关闭高频和电动机。

[单段]：单击该按钮（或按"S"键），系统自动打开电动机、高频，进入插补工作状态，加工至当前代码段结束时，系统自动关闭高频，停止运行。再次单击[单段]，继续进行下段加工。

[检查]：单击该按钮（或按"T"键），系统以插补方式运行一步，若电动机处于 ON 状态，机床拖板将作响应的一步动作，在此方式下可检查系统插补及机床的功能是否正常。

[模拟]：模拟检查功能可检验代码及插补的正确性。在电动机失电状态下（OFF 状态），系统以 2500 步/s 的速度快速插补，并在屏幕上显示其轨迹及坐标。若在电动机锁定状态下（ON状态），机床空走插补，拖板将随之动作，可检查机床控制联动的精度及正确性。"模拟"操作方法如下。

① 读入加工程序。

② 根据需要选择电动机状态后，按[模拟]钮（或'D'键），即进入模拟检查状态。

屏幕下方显示当前插补的 X—Y、U—V 坐标值（绝对坐标），若需要观察相对坐标，可用光标点取显示窗右上角的[显示切换标志]（或'F10'键），系统将以大号字体显示，再点取[显示切换标志]，将交替地处于图形/相对坐标显示方式，点取显示调节按钮最左边的局部观察钮（或 F1键），可在显示窗口的左上角打开一局部观察窗，在观察窗内显示放大十倍的插补轨迹。若需中止模拟过程，可按[暂停]钮。

[定位]：系统可依据机床参数设定，自动定中心及 ±X、± Y4 个端面。

定位方式选择如下。

① 用光标点取屏幕右中处的参数窗标志[OPEN]（或按"O"键），屏幕上将弹出参数设定窗，可见其中有[定位 LOCATION XOY]一项。

② 将光标移至 XOY 处单击左键，将依次显示为 XOY、XMAX、XMIN、YMAX、YMIN。

③ 选定合适的定位方式后，用单击参数设定窗左下角的 CLOSE 标志。

定位操作如下。

单击电动机状态标志，使其成为'ON'（原为'ON'可省略）。按[定位]按钮（或"C"键），系统将根据选定的方式自动进行对中、定端面的操作。在电极丝遇到工件某一端面时，屏幕会在相应位置显示一条亮线。按[暂停]按钮可中止定位操作。

[读盘]：将存有加工代码文件的软盘插入软驱中，单击该按钮（或按"L"键），屏幕将出现磁盘上存贮全部代码文件名的数据窗。用光标指向需读取的文件名，单击左键，该文件名背景变成黄色；然后单击该数据窗左上角的"口"（撤销）钮，系统自动读入选定的代码文件，并快速绘出图形。该数据窗的右边有上下两个三角标志"△"按钮，可用来向前或向后翻页，当代码文件不在第一页中显示时，可用翻页来选择。

[回退]：系统具有自动/手动回退功能 。在加工或单段加工中，一旦出现高频短路现象，系统即自动停止插补，若在设定的控制时间内（由机床参数设置），短路达到设定的次数，系统将自动回退。若在设定的控制时间内，短路仍不能消除，系统将自动切断高频，停机。在系统静止状态（非[加工]或[单段]），按下[回退]钮（或按"B"键），系统作回退运行，回退至当前段结束时，自动停止；若再按该按钮，继续前一段的回退。

[跟踪调节器]：该调节器用来调节跟踪的速度和稳定性，调节器中间红色指针表示调节量的大小；表针向左移动，位跟踪加强（加速）；向右移动，位跟踪减弱（减速）。指针表两侧有两个按钮，"+"按钮（或"Eed"键）加速，"-"按钮（或"PgDn"键）减速；调节器上方英文字母JOB SPEED/S 后面的数字量表示加工的瞬时速度。单位为：步/秒。

[段号显示]：此处显示当前加工的代码段号，也可用光标点取该处，在弹出屏幕小键盘后，键入需要起割的段号。（注：锥度切割时，不能任意设置段号）。

[局部观察窗]：点击该按钮（或 F1 键），可在显示窗口的左上方打开一局部窗口，其中将显示放大 10 倍的当前插补轨迹；再按该按钮时，局部窗关闭。

[图形显示调整按钮]：这六个按钮有双重功能，在图形显示状态时，其功能依次为：

"+"或 F2 键：图形放大 1.2 倍；

"–"或 F3 键：图形缩小 0.8 倍；

"←"或 F4 键：图形向左移动 20 单位；

"→"或 F5 键：图形向右移动 2 0 单位；

"↑"或 F6 键：图形向上移动 20 单位；

"↓"或 F7 键：图形向下移动 20 单位；

[坐标显示]：屏幕下方"坐标"部分显示 X、Y、U、V 的绝对坐标值。

[效率]：此处显示加工的效率，单位：mm/min；系统每加工完一条代码，即自动统计所用的时间，并求出效率。

[YH 窗口切换]：光标单击该标志或按"ESC"键，系统转换到绘图式编程屏幕。

[图形显示的缩放及移动]：在图形显示窗下有小按钮，从最左边算起分别为对称加工、平移加工、旋转加工和局部放大窗开启/关闭（仅在模拟或加工态下有效），其余依次为放大、缩小、左移、右移、上移、下移，可根据需要选用这些功能，调整在显示窗口中图形的大小及位置。

具体操作可用轨迹球点取相应的按钮，或从局部放大起直接按 F1、F2、F3、F4、F5、F6、F7 键。

[代码的显示、编辑、存盘和倒置]：单击显示窗右上角的[显示切换标志]（或'F10'键），显示窗依次为图形显示、相对坐标显示、代码显示（模拟、加工、单段工作时不能进入代码显示方式）。

在代码显示状态下用光标点取任一有效代码行，该行即点亮，系统进入编辑状态，显示调节功能钮上的标记符号变成：S、I、D、Q、↑、↓，各键的功能变换成：

S——代码存盘；

I——代码倒置（倒走代码变换）；

D——删除当前行（点亮行）；

Q——退出编辑态；

↑——向上翻页；

↓——向下翻页。

在编辑状态下可对当前点亮行进行输入、删除操作（键盘输入数据）。编辑结束后，按 Q 键退出，返回图形显示状态。

[记时牌功能]：系统在[加工]、[模拟]、[单段]工作时，自动打开记时牌。终止插补运行，记时自动停止。用光标点取记时牌，或按"O"键可将记时牌清零。

[倒切割处理]：读入代码后，单击[显示窗口切换标志]或按"F10"键，直至显示加工代码。用光标在任一行代码处轻点一下，该行点亮。窗口下面的图形显示调整按钮标志转成 S、I、D、Q 等；按"I"钮，系统自动将代码倒置（上下异形件代码无此功能）；按"Q"键退出，窗口返回图形显示。在右上角出现倒走标志"V"，表示代码已倒置，[加工]、[单段]、[模拟]以倒置方式工作。

[断丝处理]：加工遇到断丝时，可按[原点]或按"I"键，拖板将自动返回原点，锥度丝架也将自动回直（注：断丝后切不可关闭电动机，否则将无法正确返回原点）。若工件加工已将近结束，可将代码倒置后，再行切割（反向切割）。

5. 线切割机床绘图式自动编程系统

（1）CNC-10A 绘图式自动编程系统界面示意图

在控制屏幕中用光标点取左上角的[YH]窗口切换标志（或按 ESC 键），系统将转入 CNC—10A 编程屏幕。图 7-10 为绘图式自动编程系统主界面。

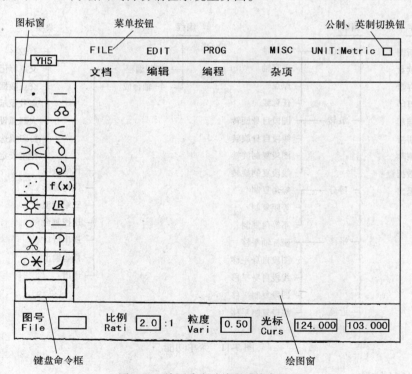

图 7-10　绘图式自动编程系统主界面

（2）CNC-10A 绘图式自动编程系统图标命令和菜单命令简介

CNC-10A 绘图式自动编程系统的操作集中在 20 个命令图标和 4 个弹出式菜单内。它们构成了系统的基本工作平台。在此平台上，可进行绘图和自动编程。表 7-2 为 20 个命令图标功能简介，图 7-11 为菜单功能。

表 7-2　　　　　　　　　　绘图命令图标功能简介

功　能	图　标	功　能	图　标
点输入	.	直接输入	──
圆输入	○	公切线/公切圆输入	∞
椭圆输入	⬭	抛物线输入	⊂
双曲线输入	✳	渐开线输入	∂
摆线输入	⌒	黑旋线输入	⊘
列表点输入	∴·	任意函数方程输入	$f(x)$
齿轮输入	✾	过渡圆输入	∠R
辅助圆输入	⊙	辅助线输入	┉
删除线段	✂	询问	?
清理	✕✗	重函	✒

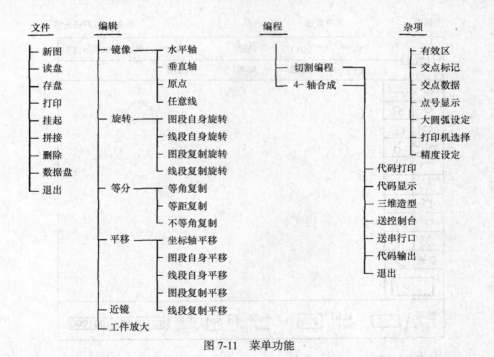

文件
├ 新图
├ 读盘
├ 存盘
├ 打印
├ 挂起
├ 拼接
├ 删除
├ 数据盘
└ 退出

编辑
├ 镜像
│　├ 水平轴
│　├ 垂直轴
│　├ 原点
│　└ 任意线
├ 旋转
│　├ 图段自身旋转
│　├ 线段自身旋转
│　├ 图段复制旋转
│　└ 线段复制旋转
├ 等分
│　├ 等角复制
│　├ 等距复制
│　└ 不等角复制
├ 平移
│　├ 坐标轴平移
│　├ 图段自身平移
│　├ 线段自身平移
│　├ 图段复制平移
│　└ 线段复制平移
├ 近镜
└ 工件放大

编程
├ 切割编程
└ 4-轴合成

杂项
├ 有效区
├ 交点标记
├ 交点数据
├ 点号显示
├ 大圆弧设定
├ 打印机选择
└ 精度设定
├ 代码打印
├ 代码显示
├ 三维造型
├ 送控制台
├ 送串行口
├ 代码输出
└ 退出

图 7-11　菜单功能

6. 电极丝的绕装

电极丝的绕装如图 11-12、图 11-13 所示，具体绕装过程如下。

① 机床操纵面板 SA1 旋钮左旋。

② 上丝起始位置在储丝筒右侧，用摇手手动将储丝筒右侧停在线架中心位置。

③ 将右边撞块压住换向行程开关触点，左边撞块尽量拉远。

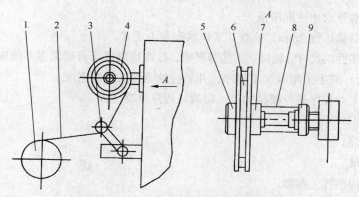

图 7-12　电极丝绕至储丝筒上示意图

1—储丝筒　2—钼丝　3—排丝轮　4—上丝架　5—螺母　6—钼丝盘　7—挡圈　8—弹簧　9—调节螺母

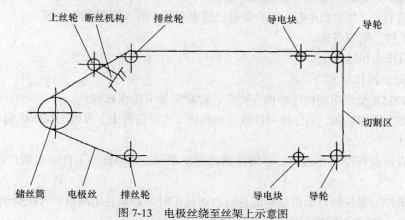

图 7-13　电极丝绕至丝架上示意图

④ 松开上丝器上螺母 5，装上钼丝盘 6 后拧上螺母 5。

⑤ 调节螺母 5，将钼丝盘压力调节适中。

⑥ 将钼丝一端通过图中件 3 上丝轮后固定在储丝筒 1 右侧螺钉上。

⑦ 空手逆时针转动储丝筒几圈，转动时撞块不能脱开换向行程开关触点。

⑧ 按操纵面板上 SB2 旋钮（运丝开关），储丝筒转动，钼丝自动缠绕在储丝筒上，到要求后，按操纵面板上 SB1 急停旋钮，即可将电极丝装至储丝筒上（见图 7-12）。

⑨ 按图 7-13 所示的方式，将电极丝绕至丝架上。

7. 工件的装夹与找正

① 装夹工件前先校正电极丝与工作台的垂直度。

② 选择合适的夹具将工件固定在工作台上。

③ 按工件图样要求用百分表或其他量具找正基准面，使之与工作台的 X 向或 Y 向平行。

④ 工件装夹位置应使工件切割区在机床行程范围之内。

⑤ 调整好机床线架高度，切割时，保证工件和夹具不会碰到线架的任何部分。

8. 机床操作步骤

① 合上机床主机上电源开关。

② 合上机床控制柜上电源开关，启动计算机，双击桌面上的 YH 图标，进入线切割控制系统；

③ 解除机床主机上的急停按钮。

④ 按机床润滑要求加注润滑油。

⑤ 开启机床空载运行 2min，检查其工作状态是否正常。

⑥ 按所加工零件的尺寸、精度、工艺等要求，在线切割机床自动编程系统中编制线切割加工程序，并送控制台；或手工编制加工程序，并通过软驱读入控制系统。

⑦ 在控制台上对程序进行模拟加工，以确认程序准确无误。

⑧ 工件装夹。

⑨ 开启运丝筒。

⑩ 开启切削液。

⑪ 选择合理的电加工参数。

⑫ 手动或自动对刀。

⑬ 单击控制台上的"加工"键，开始自动加工。

⑭ 加工完毕后，按"Ctrl+Q"组合键退出控制系统，并关闭控制柜电源。

⑮ 拆下工件，清理机床。

⑯ 关闭机床主机电源。

9. 机床安全操作规程

根据 DK7725E 型线切割机床的操作特点，特制定如下操作规程。

① 学生初次操作机床，须仔细阅读线切割机床《实训指导书》或机床操作说明书。并在实训教师指导下操作。

② 手动或自动移动工作台时，必须注意钼丝位置，避免钼丝与工件或工装产生干涉而造成断丝。

③ 用机床控制系统的自动定位功能进行自动找正时，必须关闭高频，否则会烧丝。

④ 关闭运丝筒时，必须停在两个极限位置（左或右）。

⑤ 装夹工件时，必须考虑本机床的工作行程，加工区域必须在机床行程范围之内。

⑥ 工件及装夹工件的夹具高度必须低于机床线架高度，否则，加工过程中会发生工件或夹具撞上线架而损坏机床。

⑦ 支撑工件的工装位置必须在工件加工区域之外，否则，加工时会连同工件一起割掉。

⑧ 工件加工完毕，必须随时关闭高频。

⑨ 经常检查导轮、排丝轮、轴承、钼丝、切削液等易损、易耗件（品），发现损坏，及时更换。

7.1.4　数控电火花线切割加工实例

1. 手工编程加工实习

（1）实习目的

① 掌握简单零件的线切割加工程序的手工编制技能。

② 熟悉 ISO 代码编程及 3B 格式编程。

③ 熟悉线切割机床的基本操作。

（2）实习要求

通过实习，学生能够根据零件的尺寸、精度、工艺等要求，应用 ISO 代码或 3B 格式手工编

136

制出线切割加工程序，并且使用线切割机床加工出符合图样要求的合格零件。

（3）实习设备

DK7725E 型线切割机床。

（4）常用 ISO 编程代码

G92 X- Y-：以相对坐标方式设定加工坐标起点。

G27：设定 *XY/UV* 平面联动方式。

G01 X- Y- (U- V-)：直线插补。

X Y：表示在 *XY* 平面中以直线起点为坐标原点的终点坐标。

U V：表示在 *UV* 平面中以直线起点为坐标原点的终点坐标。

G02 U- V- I- J-：顺圆插补指令。

G03 X- Y- I- J-：逆圆插补指令。

以上 G02、G03 中是以圆弧起点为坐标原点，*X*、*Y*（*U*、*V*）表示终点坐标，*I*、*J* 表示圆心坐标。

M00：暂停。

M02：程序结束。

（5）3B 程序格式

B X B Y B J G Z

B：分隔符号；X：X 坐标值；Y：Y 坐标值；

J：计数长度；G：计数方向；Z：加工指令。

（6）加工实例

① 工艺分析：加工如图 7-14 所示零件外形，毛坯尺寸为 60mm × 60mm，对刀位置必须设在毛坯之外，以图中 *G* 点坐标（-20，-10）作为起刀点，*A* 点坐标（-10，-10）作为起割点。为了便于计算，编程时不考虑钼丝半径补偿值。逆时针方向走刀。

② ISO 程序：

程序	注解
G92 X-20000 Y-10000	以 *O* 点为原点建立工件坐标系，起刀点坐标为（-20，-10）；
G01 X10000 Y0	从 *G* 点走到 *A* 点，*A* 点为起割点；
G01 X40000 Y0	从 *A* 点到 *B* 点；
G03 X0 Y20000 I0 J10000	从 *B* 点到 *C* 点；
G01 X-20000 Y0	从 *C* 点到 *D* 点；
G01 X0 Y20000	从 *D* 点到 *E* 点；
G03 X-20000 Y0 I-10000 J0	从 *E* 点到 *F* 点；
G01 X0 Y-40000	从 *F* 点到 *A* 点；
G01 X-10000 Y0	从 *A* 点回到起刀点 *G*；
M02	程序结束。

③ 3B 格式程序：

程序	注解
B10000 B0 B10000 GX L1	从 *G* 点走到 *A* 点，*A* 点为起割点；
B40000 B0 B40000 GX L1	从 *A* 点到 *B* 点；
B0 B10000 B20000 GX NR4	从 *B* 点到 *C* 点；
B20000 B0 B20000 GX L3	从 *C* 点到 *D* 点；
B0 B20000 B20000 GY L2	从 *D* 点到 *E* 点；
B10000 B0 B20000 GY NR4	从 *E* 点到 *F* 点；

B0 B40000 B40000 GY L4	从 F 点到 A 点;
B10000 B0 B10000 GX L3	从 A 点回到起刀点 G
D	程序结束。

④ 加工。按机床操作步骤进行。

2. 自动编程加工实习

（1）实习目的及要求

① 熟悉 HF 编程系统的绘画功能及图形编辑功能。

② 熟悉 HF 编程系统的自动编程功能。

③ 掌握 HF 控制系统的各种功能。

（2）实习设备

DK7725 型线切割机床及 CNC-10A 控制、编程系统。

（3）加工实例

加工如图 7-15 所示五角星外形，毛坯尺寸为 60mm×60mm，对刀位置必须设在毛坯之外，以图中 E 点坐标（-10，-10）作为对刀点，O 点为起割点，逆时针方向走刀。

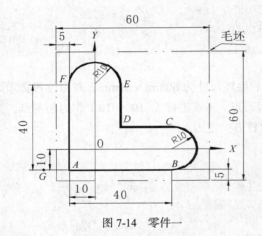

图 7-14　零件一

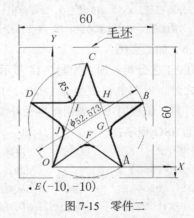

图 7-15　零件二

7.2　电火花成形加工

7.2.1　电火花成形加工的原理

电火花成形加工是在一定的介质中通过工具电极和工件电极之间的脉冲放电的电蚀作用，对工件进行加工的方法。电火花成形加工的原理如图 7-16 所示，工件 1 与工具 4 分别与脉冲电源 2 的两输出端相连接。自动进给调节装置 3（此处为液压油缸和活塞）使工具和工件间经常保持一很小的放电间隙，当脉冲电压加到两极之间，便在当时条件下相对某一间隙最小处或绝缘强度最弱处击穿介质，在该局部产生火花放电，瞬时高温使工具和工件表面局部熔化，甚至气化蒸发而电蚀掉一小部分金属，各自形成一个小凹坑，图 7-17（a）表示单个脉冲放电后的电蚀坑。图 7-17（b）表示多次脉冲放电后的电极表面。脉冲放电结束后，经过脉冲间隔时间，使工作液恢复绝缘后，第二个脉冲电压又加到两极上，又会在当时极间距离相对最近或绝缘强度最弱处击穿放电，又电蚀出一个小凹坑。整个加工表面将由无数小凹坑所组成。这种放电循环每秒钟重复数千到数万次，使工件表面形成许许多多非常小的凹坑，称为电蚀现象。随着工具电极不断进给，工具电极的轮廓尺寸就被精确地"复印"在工件上，达到成形加工的目的。

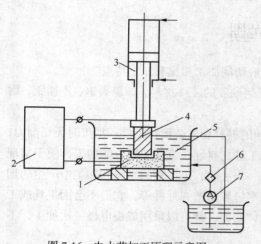

图 7-16 电火花加工原理示意图
1—工件 2—脉冲电源 3—自动进给调节装置
4—工具 5—工作液 6—过滤器 7—工作液泵

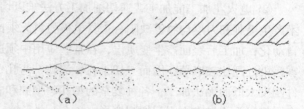

图 7-17 电火花加工表面局部放大

　　进行电火花加工时，工具电极和工件分别接脉冲电源的两极，并浸入工作液中，或将工作液充入放电间隙。通过间隙自动控制系统控制工具电极向工件进给，当两电极间的间隙达到一定距离时，两电极上施加的脉冲电压将工作液击穿，产生火花放电。在放电的微细通道中瞬时集中大量的热能，温度可高达 10000℃以上，压力也有急剧变化，从而使这一点工作表面局部微量的金属材料立刻熔化、气化，并爆炸式地飞溅到工作液中，迅速冷凝，形成固体的金属微粒，被工作液带走。这时在工件表面上便留下一个微小的凹坑痕迹，放电短暂停歇，两电极间工作液恢复绝缘状态。 紧接着，下一个脉冲电压又在两电极相对接近的另一点处击穿，产生火花放电，重复上述过程。这样，虽然每个脉冲放电蚀除的金属量极少，但因每秒有成千上万次脉冲放电作用，就能蚀除较多的金属，具有一定的生产率。在保持工具电极与工件之间恒定放电间隙的条件下，一边蚀除工件金属，一边使工具电极不断地向工件进给，最后便加工出与工具电极形状相对应的形状来。因此，只要改变工具电极的形状和工具电极与工件之间的相对运动方式，就能加工出各种复杂的型面。工具电极常用导电性良好、熔点较高、易加工的耐电蚀材料制作，如铜、石墨、铜钨合金和钼等。在加工过程中，工具电极也有损耗，但小于工件金属的蚀除量，甚至接近于无损耗。工作液作为放电介质，在加工过程中还起着冷却、排屑等作用。常用的工作液是黏度较低、闪点较高、性能稳定的介质，如煤油、去离子水和乳化液等。按照工具电极的形式及其与工件之间相对运动的特征，可将电火花加工方式分为 5 类：利用成型工具电极，相对工件作简单进给运动的电火花成形加工；利用轴向移动的金属丝作工具电极，工件按所需形状和尺寸作轨迹运动，以切割导电材料的电火花线切割加工；利用金属丝或成形导电磨轮作工具电极，进行小孔磨削或成形磨削的电火花磨削；用于加工螺纹环规、螺纹塞规、

齿轮等的电火花共轭回转加工；小孔加工、刻印、表面合金化、表面强化等其他种类的加工。电火花加工能加工普通切削加工方法难以切削的材料和复杂形状的工件；加工时无切削力；不产生毛刺和刀痕沟纹等缺陷；工具电极材料无须比工件材料硬；直接使用电能加工，便于实现自动化；加工后表面产生变质层，在某些应用中须进一步去除；工作液的净化和加工中产生的烟雾污染处理比较麻烦。

7.2.2　电火花成形加工的特点及应用范围

电火花加工是靠局部热效应实现加工的，它和一般切削加工相比有如下特点。

① 它能"以柔克刚"，即用软的工具电极来加工任何硬度的工件材料，如淬火钢、不锈钢、耐热合金和硬质合金等导电材料。

② 电火花加工能加工普通切削加工方法难以切削的材料和复杂形状工件；加工时无切削力；不产生毛刺和刀痕沟纹等缺陷；工具电极材料无须比工件材料硬；直接使用电能加工，便于实现自动化；加工后表面产生变质层，在某些应用中须进一步去除；工作液的净化和加工中产生的烟雾污染处理比较麻烦。因而一切小孔、深孔、弯孔、窄缝和薄壁弹性件等，它们不会因工具或工件刚度太低而无法加工；各种复杂的型孔、型腔和立体曲面，都可以采用成型电极一次加工，不会因加工面积过大而引起切削变形。

③ 脉冲参数可以任意调节。加工中不要更换工具电极，就可以在同一台机床上通过改变电规准（指脉冲宽度、电流、电压）连续进行粗、半精和精加工。精加工的尺寸精度可达0.01mm，表面粗糙度 Ra0.8um，微精加工的尺寸精度可达 0.002～0.004mm，表面粗糙度 Ra0.1～0.05μm。

④ 电火花加工工艺指标可归纳为生产率（指蚀除速度），表面粗糙度和尺寸精度。影响这些工艺指标的工艺因素可归纳为电极对、电参数和工作液等。当电极对及工作液已确定后，电参数成为工艺指标的重要参数。一般随着脉冲宽度和电流幅值的增加，放电间隙、生产率和表面粗糙度值均增大，由于提高生产率和降低表面粗糙度值有矛盾，因此，在加工时要根据工件的工艺要求进行综合考虑，以合理选择电参数。

7.2.3　电火花成形加工的局限性

1．二次硬化带问题

二次硬化带又称再硬化带、再硬化层，指电火花加工过程中，由于火花放电产生热量，在工具、模具被加工表面形成的硬化层。在显微镜下可以观察到二次硬化带为浅白色、厚度为0.003～0.12mm。由于硬化层未经回火处理，处于高应力状态，使模具在使用中容易出现刃口破裂，尤其在硬化层厚度较大情况下更易出现。根据研究报道，电火花加工二次硬化带形成与被加工件材料性质、介质液选择和电参数选择有关。例如：在高频率小火花放电情况下的电火花加工容易产生二次硬化带，相应减小二次硬化带形成的办法为：选择合适的模具零件材料；选择合适的电火花加工介质液；在加工中选用较低脉冲频率进行一次或几次精加工。另外，可以采用后续加工办法减少或消除二次硬化带影响，如后续低温回火，后续电抛光、电解、研磨、磨削等。

2．电极损耗问题

在加工中，电火花在烧蚀工件材料同时，也在工具电极上烧蚀电极材料。在多次重复加工中，工具电极逐步失去原有形状，使加工结果变形（精度超差）。解决办法是：根据具体加工选择合适的工具电极材料以减小电极材料的烧蚀速度，同时，根据工件材料和电极材料选择合适的电参数（电参数选择见机床使用说明书）。另外，可采用阶梯电极或使用多个铸造电极依次安装进行加工办法解决。如前所述，电火花加工通过工具电极与工件被加工面之间火花放电蚀除金属材料；在粗加工中，电火花加工金属蚀除率可达到 $100 \sim 200 \text{mm}^3/\text{min}$，甚至更高；但是，这一蚀除率数值仍远低于使用车刀、铣刀等金属切削刀具进行切削加工时可达到的金属切除率。因此，提高电火花加工生产效率应充分发挥切削刀具高效切削功能，以车、铣、刨等方法切除尽可能多的金属材料余量，让电火花加工蚀除尽可能少的金属材料余量。此外，提高电火花加工生产效率办法，应在满足加工要求（精度、粗糙度）前提下，尽可能采用粗规准进行加工，尽可能不用中规准和精规准进行加工。

3．局限性讨论

未经后处理的二次硬化带对模具使用寿命是一个不利的影响因素，经后处理的二次硬化带对模具使用寿命起延长作用。电火花加工工程技术人员利用火花放电表面硬化特点，开发了用于机械零件磨损修复和强化的电火花强化机。据报道，由脉冲电源和振动器组成的电火花强化机通过火花放电，可在工件表面行成一层高硬度、高耐磨的强化层，在反复振动、放电作用下，强化层微量增厚，达到修复磨损机械零件和强化机械零件目的，强化层粗糙度可达到 $Ra1.6\mu\text{m}$，硬度可达到 70HRC，一般不经后处理即可应用。

7.2.4　电火花成形加工在模具制造业中的应用

由于电火花加工结果所得到的被加工件形状与加工中使用的电极凸模形状对应，因此，电火花加工适合于制造各种压印模具，包括压痕、压花、压筋和其他变形模具。

由于电火花加工结果凹模型腔形状取决于工具电极凸模形状，并且可通过简化安装，依次加工出模具凹模、卸料板、凸模固定板的对应型腔，因此，电火花加工适用于制造各种下料模具、冲孔模具，包括多凸模下料、冲孔模具。

电火花加工主要用于加工具有复杂形状的型孔和型腔的模具和零件；加工各种硬、脆材料，如硬质合金和淬火钢等；加工深细孔、异形孔、深槽、窄缝和切割薄片等；加工各种成形刀具、样板和螺纹环规等工具和量具。

电火花加工可以在硬质材料上同时加工多个不规则型腔而不需要熟练的钳工加工技术，也不须考虑模具热处理变形问题、剖切加工问题（传统模具加工中，一些模具型腔需要剖切后加工），模具加工所需时间相对较少。

用电火花加工锻模、压铸模、挤压模等型腔以及叶轮、叶片等曲面，比穿孔困难得多。原因如下。

① 型腔属不通孔，所需蚀除的金属量多，工作液难以有效地循环，以致电蚀产物排除不净而影响电加工的稳定性。

② 型腔各处深浅不一和圆角不等，使工具电极各处损耗不一致，影响尺寸仿形加工的精度。

③ 不能用阶梯电极来实现粗、精规准的转换加工，影响生产率的提高。

针对上述原因，电火花加工型腔时，采取如下措施。

① 在工具电极上开冲油孔，利用压力油将电蚀物强迫排除。

② 合理地选择脉冲电源和极性，一般采用电参数调节范围较大的晶体管脉冲电源，用紫铜或石墨作电极，粗加工时（宽脉冲）时负极性，精加工时正极性，以减少工具电极的损耗。

③ 采用多规准加工方法，即先用宽脉冲，大电流和低损耗的粗规准加工成形，然后逐极电火花加工在模具制造中的应用转精整形来实现粗、精规准的转换加工，以提高生产率。

数控线切割机床安全操作规程

1. 要注意开机的顺序，先按走丝机构按钮，再按工作液泵按钮，使工作液顺利循环，并调好工作液的流量和冲油位置，最后按高频电源按钮进行切割加工。

2. 每次新安装完钼丝后或钼丝过松，在加工前都要紧丝。

3. 操作储丝筒后，应及时将手摇柄取出，防止储丝筒转动时将手摇柄甩出伤人。

4. 换下来的废旧钼丝不能放在机床上，应放入规定的容器内，防止混入电器和走丝机构中，造成电器短路、触电和断丝事故。

5. 装拆工件时，须断开高频电源，以防止触电，同时要防止碰断钼丝。

6. 加工前要确认工件安装位置正确，以防碰撞丝架和超行程撞坏丝杆、电机等部件。

7. 加工时，不得用手触摸钼丝和用其他物件敲打钼丝。

8. 在正常停机情况下，一般把钼丝停在丝筒的一边，以防碰断钼丝后造成整筒丝废掉。

9. 机床送上高频电源后，不可用手或手持金属物件同时触摸加工电源的两极，以防止触电。

10. 禁止用湿手、污手按开关或接触计算机键盘、鼠标等电器设备。

11. 工作结束后应切断电源，并进行清扫。

数控电火花机床安全操作规程

1. 实习学生必须遵从实习指导教师的安排，按实习指定内容学习、操作。

2. 在实习过程中如出现异常情况应立即找实习指导教师处理。

3. 一切工具、成品不得放在机床工作面上。

4. 要注意开机的顺序，先调整液面高度并对着工件冲油，再按放电按钮进行加工。

5. 放电过程正在进行时，不要同时触摸电极和机床，防止触电。

6. 放电加工时，应先调整好放电规定参数，防止异常现象的发生，如出现异常情况（积碳、液面低、液温高、着火），应立即停止加工。

7. 工作结束后必须关掉总电源，做好机床工作台面和周围环境清洁工作，并润滑机床。

习题

1. 简述对电火花线切割脉冲电源的基本要求。

2. 什么叫电极丝的偏移？对于电火花线切割来说有何意义？在 G 代码编程中分别用哪几个代码表示？

3. 电火花线切割机床有哪些常用的功能？

4. 在什么情况下需要加工穿丝孔？为什么？

5. 电火花线切割加工的主要工艺指标有哪些？影响表面粗糙度的主要因素有哪些？

6. 什么叫极性效应？在电火花线切割加工中是怎样应用的？

7. 在 ISO 代码编程中，常用的数控功能指令有哪些（写出 5 个以上）？并简述其功能。

8. 什么叫放电间隙？它对线切割加工的工件尺寸有何影响？通常情况下放电间隙取多大？

附录 1

钳工习题集

一、单项选择

1. 消除铸铁导轨的内应力所造成的变化，需在加工前进行（　　）处理。

    A. 回火　　　　　B. 淬火　　　　　C. 时效　　　　　D. 表面热

2. 下面（　　）不属于装配工艺过程的内容。

    A. 装配工序有工步的划分　　　　B. 装配工作

    C. 调整、精度检修和试车　　　　D. 喷漆、涂油、装箱

3. 划线时，都应从（　　）开始。

    A. 中心线　　　　B. 基准面　　　　C. 设计基准　　　　D. 划线基准

4. 千分尺的制造精度主要是由它的（　　）来决定的。

    A. 刻线精度　　　　　　　　　　B. 测微螺杆精度

    C. 微分筒精度　　　　　　　　　D. 固定套筒精度

5. 在夹具中，夹紧力的作用方向应与钻头轴线的方向（　　）。

    A. 平行　　　　B. 垂直　　　　C. 倾斜　　　　D. 相交

6. 采用适当的压入方法装配滑动轴承时，必须防止（　　）。

    A. 垂直　　　　B. 平行　　　　C. 倾斜　　　　D. 弯曲

7. 利用分度头可在工件上划出圆的（　　）。

    A. 等分线　　　　　　　　　　　B. 不等分线

    C. 等分线或不等分线　　　　　　D. 以上叙述都不正确

8. 对于标准麻花钻而言，在主截面内（　　）与基面之间的夹角称为前角。

    A. 后刀面　　　　B. 前刀面　　　　C. 副后刀面　　　　D. 切削平面

9. 丝锥由（　　）组成。

    A. 切削部分和柄部　　　　　　　B. 切削部分和校准部分

    C. 工作部分和校准部分　　　　　D. 工作部分和柄部

10. 看装配图的第一步是先看（　　）。

A. 尺寸标注　　　　B. 表达方法　　　　C. 标题栏　　　　D. 技术要求

11. 分度头的主要规格是以（　　　）表示的。

　　A. 长度　　　　　　　　　　　B. 高度

　　C. 顶尖（主轴）中心线到底面的高度　　D. 夹持工件的最大直径

12. 划线时，直径大于20mm的圆周线上应有（　　　）以上冲点。

　　A. 4个　　　　　B. 6个　　　　　C. 8个　　　　　D. 10个

13. 销连接在机械中主要是定位，连接成锁定零件，有时还可作为安全装置的（　　　）零件。

　　A. 传动　　　　　B. 固定　　　　　C. 定位　　　　　D. 过载剪断

14. 三角形螺纹主要用于（　　　）。

　　A. 连接件　　　　B. 传递运动　　　　C. 承受单向压力　　D. 圆管的连接

15. 长方体工件定位，在主要基准面上应分布（　　　）支撑点，并要在同一平面上。

　　A. 1个　　　　　B. 2个　　　　　C. 3个　　　　　D. 4个

16. 套 M10×1.5 的外螺纹，其圆杆直径应为（　　　）。

　　A. ϕ=9.8mm　　B. $\phi=10$mm　　C. $\phi=9$mm　　D. $\phi=10.5$mm

17. 选择錾子楔角时，在保证足够强度的前提下，尽量取（　　　）数值。

　　A. 较小　　　　　B. 较大　　　　　C. 一般　　　　　D. 随意

18. 手电钻装卸钻头时，按操作规程必须用（　　　）。

　　A. 钥匙　　　　　B. 榔头　　　　　C. 铁棍　　　　　D. 管钳

19. 分度头的主轴轴心线能相对于工作台平面向上 90° 和向下（　　　）。

　　A. 10°　　　　　B. 45°　　　　　C. 90°　　　　　D. 120°

20. 带传动不能（　　　）。

　　A. 吸振和缓冲　　　　　　　　B. 起安全保护作用

　　C. 保证准确的传动比　　　　　D. 实现两轴中心较大的传动

21. 锯条有了锯路后，使工件上的锯缝宽度（　　　）锯条背部的厚度，从而防止了夹锯。

　　A. 小于　　　　　B. 等于　　　　　C. 大于　　　　　D. 小于或等于

22. 锯削管子和薄板时，必须用（　　　）锯条。

　　A. 粗齿　　　　　B. 细齿　　　　　C. 硬齿　　　　　D. 软齿

23. 一般手锯的往复长度不应小于锯条长度的（　　　）。

　　A. 1/3　　　　　B. 2/3　　　　　C. 1/2　　　　　D. 3/4

24. 锯条在制造时，使锯齿按一定的规律左右错开，排列成一定形状，称为（　　　）。

　　A. 锯齿的切削角度　　　　　B. 锯路

　　C. 锯齿的粗细　　　　　　　D. 锯割

25. 用半孔钻钻半圆孔时宜用（　　　）。

　　A. 低速手进给　　B. 高速手进给　　C. 低速自动进给　　D. 高速自动进给

26. 孔径较大时，应取（　　　）的切削速度。

　　A. 任意　　　　　B. 较大　　　　　C. 较小　　　　　D. 中速

27. 标准麻花钻的后角是在（　　　）内后刀面与切削平面之间的夹角。

　　A. 基面　　　　　B. 主截面　　　　C. 柱截面　　　　D. 副后刀面

28. 修整砂轮一般用（　　　）。

A. 油石　　　　　　B. 金刚石　　　　　　C. 硬质合金　　　　　　D. 高速钢

29. 刀具材料的硬度越高，耐磨性（　　）。

A. 越差　　　　　　B. 越好　　　　　　C. 不变　　　　　　D. 消失

30. （　　）越好，允许的切削速度越高。

A. 韧性　　　　　　B. 强度　　　　　　C. 耐磨性　　　　　　D. 耐热性

31. 刮削具有切削量小，切削力小，装夹变形（　　）等特点。

A. 小　　　　　　B. 大　　　　　　C. 适中

32. 外圆柱工件在套筒孔中的定位，当选用较短的定位心轴时，可限制（　　）自由度。

A. 两个移动　　　　　　　　　　　B. 两个转动

C. 两个移动和两个转动　　　　　　D. 一个移动一个转动

33. 孔的最小极限尺寸与轴的最大极限尺寸之代数差为正值叫（　　）。

A. 间隙值　　　　　　B. 最小间隙　　　　　　C. 最大间隙　　　　　　D. 最大过盈

34. 起吊工作物，试吊离地面（　　），经过检查确认稳妥，方可起吊。

A. 1m　　　　　　B. 1.5m　　　　　　C. 0.3m　　　　　　D. 0.5m

35. 静连接花键装配，要有较少的过盈量，若过盈量较大，则应将套件加热到（　　）后进行装配。

A. 100°　　　　　　B. 80°～120°　　　　　　C. 150°　　　　　　D. 200°

36. 使用电钻时应穿（　　）。

A. 布鞋　　　　　　B. 胶鞋　　　　　　C. 皮鞋　　　　　　D. 凉鞋

37. 立式钻床的主要部件包括主轴变速箱、进给变速箱、主轴和（　　）。

A. 进给手柄　　　　　　B. 操纵结构　　　　　　C. 齿条　　　　　　D. 钢球接合子

38. T10A 钢锯片淬火后应进行（　　）。

A. 高温回火　　　　　　B. 中温回火　　　　　　C. 低温回火　　　　　　D. 球化退火

39. 立钻 Z525 主轴最高转速为（　　）。

A. 97r/min　　　　　　B. 1360r/min　　　　　　C. 1420r/min　　　　　　D. 480r/min

40. 两带轮在使用过程中，发现轮上的 V 带张紧程度（　　），这是由于轴颈弯曲造成的。

A. 太紧　　　　　　B. 太松　　　　　　C. 不等　　　　　　D. 发生变化

41. 在钢和铸铁件上加工同样直径的内螺纹时，钢件的底孔直径比铸铁件的底孔直径（　　）。

A. 稍小　　　　　　B. 小很多　　　　　　C. 稍大　　　　　　D. 大很多

42. 当带轮孔加大，必须镶套，套与轴为键连接，套与带轮常用（　　）方法固定。

A. 键　　　　　　B. 螺纹　　　　　　C. 过盈　　　　　　D. 加骑缝螺钉

43. 内径百分表的测量范围是通过更换（　　）来改变的。

A. 表盘　　　　　　B. 测量杆　　　　　　C. 长指针　　　　　　D. 可换触头

44. 钳工工作场地必须清洁、整齐，物品摆放（　　）。

A. 随意　　　　　　B. 无序　　　　　　C. 有序　　　　　　D. 按要求

45. 如果把影响某一装配精度的有关尺寸彼此按顺序地连接起来，可以构成一个封闭外形，这些相互关联尺寸的总称叫（　　）。

A. 装配尺寸链　　　　　　B. 封闭环　　　　　　C. 组成环　　　　　　D. 增环

46. 位置公差中平行度符号是（　　）。

A. ⊥　　　　　B. //　　　　　C. ◎　　　　　D. ∠

47. 钳工上岗时只允许穿（　　）。

　　A. 凉鞋　　　　　B. 拖鞋　　　　　C. 高跟鞋　　　　　D. 工作鞋

48. 立钻电动机（　　）保养，要按需要拆洗电动机，更换 1 号钙基润滑脂。

　　A. 一级　　　　　B. 二级　　　　　C. 三级　　　　　D. 四级

49. 转速高的大齿轮装在轴上后应作平衡检查，以免工作时产生（　　）。

　　A. 松动　　　　　B. 脱落　　　　　C. 振动　　　　　D. 加剧磨损

50. 工件弯曲后（　　）长度不变。

　　A. 外层材料　　　B. 中间材料　　　C. 中性层材料　　　D. 内层材料

51. 孔的最大极限尺寸与轴的最小极限尺寸之代数差为正值叫（　　）。

　　A. 间隙值　　　　B. 最小间隙　　　C. 最大间隙　　　D. 最小过盈

52. 规定预紧力的螺纹连接，常用控制扭矩法、控制扭角法和（　　）来保证准确的预紧力。

　　A. 控制工件变形法　　　　　　　　B. 控制螺栓伸长法

　　C. 控制螺栓变形法　　　　　　　　D. 控制螺母变形法

53. 机床照明灯应选（　　）V 电压。

　　A. 6　　　　　B. 24　　　　　C. 110　　　　　D. 220

54. 当过盈量及配合尺寸（　　）时，常采用压入法装配。

　　A. 较大　　　　　　　　　　　　　B. 较小

　　C. 正常　　　　　　　　　　　　　D. 前面叙述均不对

55. 立式钻床的主要部件包括主轴变速箱、进给变速箱、（　　）和进给手柄。

　　A. 进给机构　　　B. 操纵机构　　　C. 齿条　　　　　D. 主轴

56. 锯削时，回程时应（　　）。

　　A. 用力　　　　　B. 取出　　　　　C. 滑过　　　　　D. 稍抬起

57. 影响齿轮传动精度的因素包括（　　）、齿轮的精度等级、齿轮副的侧隙要求及齿轮副的接触斑点要求。

　　A. 运动精度　　　B. 接触精度　　　C. 齿轮加工精度　　D. 工作平稳性

58. 錾削铜、铝等软材料时，楔角取（　　）。

　　A. 30°～50°　　　B. 50°～60°　　　C. 60°～70°　　　D. 70°～90°

59. 交叉锉锉刀运动方向与工件夹持方向约成（　　）角。

　　A. 10°～20°　　　B. 20°～30°　　　C. 30°～40°　　　D. 40°～50°

60. 设备修理拆卸时一般应（　　）。

　　A. 先拆内部、上部　　　　　　　　B. 先拆外部、下部

　　C. 先拆外部、上部　　　　　　　　D. 先拆内部、下部

61. 煤油、汽油、机油等可作为（　　）。

　　A. 研磨剂　　　　B. 研磨液　　　　C. 磨料　　　　　D. 研磨膏

62. Rz 是表面粗糙度评定参数中（　　）的符号。

　　A. 轮廓算术平均偏差　　　　　　　B. 微观不平度＋点高度

　　C. 轮廓最大高度　　　　　　　　　D. 轮廓不平程度

63. 一张完整的装配图的内容包括一组图形、必要的尺寸、（　　）、零件序号和明细栏、标题栏。

A. 技术要求 　　　　　　　　　　　B. 必要的技术要求

C. 所有零件的技术要求 　　　　　　D. 表面粗糙度及几何公差

64. 退火的目的是（　　　　）。

A. 提高硬度和耐磨性 　　　　　　　B. 降低硬度，提高塑性

C. 提高强度和韧性 　　　　　　　　D. 改善回火组织

65. 下述（　　　　）是液压传动的基本特点之一。

A. 传动比恒定 　　　　　　　　　　B. 传动噪声大

C. 易实现无级变速和过载保护作用 　D. 传动效率高

66. 百分表每次使用完毕后要将测量杆擦净，放入盒内保管，应（　　　　）。

A. 涂上油脂 　　　　　　　　　　　B. 上机油

C. 让测量杆处于自由状态 　　　　　D. 拿测量杆，以免变形

67. 蜗杆与蜗轮的（　　　　）相互间有垂直关系。

A. 重心线　　　B. 中心线　　　C. 轴心线　　　D. 连接线

68. 对零件进行形体分析，确定主视图方向是绘制零件图的（　　　　）。

A. 第一步　　　B. 第二步　　　C. 第三步　　　D. 第四步

69. 钻头直径大于 13mm 时，柄部一般做成（　　　　）。

A. 直柄　　　B. 莫氏锥柄　　　C. 方柄　　　D. 直柄、锥柄都有

70. 粗刮时，显示剂调得（　　　　）。

A. 干些　　　B. 稀些　　　C. 不干不稀　　　D. 稠些

71. 研磨圆柱孔用的研磨棒，其长度为工件长度的（　　　　）倍。

A. 1～2　　　B. 1.5～2　　　C. 2～3　　　D. 3～4

72. M3 以上的圆板牙尺寸可调节，其调节范围是（　　　　）。

A. 0.1～0.5mm　　　B. 0.6～0.9mm　　　C. 1～1.5mm　　　D. 2～1.5mm

73. 刮刀精磨须在（　　　　）上进行。

A. 油石　　　B. 粗砂轮　　　C. 油砂轮　　　D. 都可以

74. 主要用于碳素工具钢、合金工具钢、高速钢工件研磨的磨料是（　　　　）。

A. 氧化物磨料　　　B. 碳化物磨料　　　C. 金刚石磨料　　　D. 氧化铬磨料

75. 按规定的技术要求，将若干个零件结合成部件或若干个零件和部件结合成机器的过程称为（　　　　）。

A. 部件装配　　　B. 总装配　　　C. 零件装配　　　D. 装配

76. 棒料和轴类零件在矫正时会产生（　　　　）变形。

A. 塑性　　　B. 弹性　　　C. 塑性和弹性　　　D. 扭曲

77. 装在退卸套上的轴承，先将（　　　　）卸掉，然后用退卸螺母将退卸套从轴承座圈中拆出。

A. 锁紧螺母　　　B. 箱体　　　C. 轴　　　D. 外圈

78. 制定装配工艺规程的（　　　　）是保证产品装配质量，合理安排装配工序及尽可能少占车间的生产面积。

A. 作用　　　B. 内容　　　C. 方法　　　D. 原则

79. 金属板四周呈波纹状，用延展法进行矫平时，锤击点应（　　　　）。

A. 从一边向另一边 　　　　　　　　B. 从中间向四周

C. 从一角开始 D. 从四周向中间

80. （　　）常用来检验工件表面或设备安装的水平情况。

A. 测微仪 B. 轮廓仪 C. 百分表 D. 水平仪

81. 装配前准备工作主要包括零件的清理和清洗、（　　）和旋转件的平衡试验。

A. 零件的密封性试验 B. 气压法

C. 液压法 D. 静平衡试验

82. 凡是将两个以上的零件结合在一起或将零件与几个组件结合在一起，成为一个装配单元的装配工作叫（　　）。

A. 部件装配 B. 总装配 C. 零件装配 D. 间隙调整

83. 零件图中注写极限偏差时，上下偏差小数点对齐，小数点后位数（　　），零偏差必须标出。

A. 不相同 B. 相同 C. 相同或不相同均可 D. 依个人习惯

84. 平锉、方锉、圆锉、半圆锉和三角锉属于（　　）类锉刀。

A. 特种锉 B. 什锦锉 C. 普通锉 D. 整形锉

85. 狭窄平面研磨时，用金属块做"导靠"，采用（　　）研磨轨迹。

A. 8字形 B. 螺旋形 C. 直线形 D. 圆形

86. 检查曲面刮削质量，其校准工具一般是与被检曲面配合的（　　）。

A. 孔 B. 轴 C. 孔或轴 D. 都不是

87. 国标规定外螺纹的大径应画（　　）。

A. 点画线 B. 粗实线 C. 细实线 D. 虚线

88. （　　）由于螺距小螺旋升角小自锁性好，除用于承受冲击振动或变载的连接外，还用于调整机构。

A. 粗牙螺纹 B. 管螺纹 C. 细牙螺纹 D. 矩形螺纹

89. 精度较高的轴类零件，矫正时应用（　　）来检查矫正情况。

A. 钢直尺 B. 平台 C. 游标卡尺 D. 百分表

90. 标注形位公差代号时，形位公差框格左起第一格应填写（　　）。

A. 形位公差项目名称 B. 形位公差项目符号

C. 形位公差数值及有关符号 D. 基准代号

91. 刮削机床导轨时，以（　　）为刮削基准。

A. 溜板用导轨 B. 尾座用导轨

C. 压板用导轨 D. 溜板模向燕尾导轨

92. 检查用的平板其平面度要求 0.03mm，应选择（　　）方法进行加工。

A. 磨 B. 精刨 C. 刮削 D. 锉削

93. 矫直棒料时，为消除因弹性变形所产生的回翘可（　　）一些。

A. 适当少压 B. 用力小

C. 用力大 D. 使其反向弯曲塑性变形

94. 用涂色法检查（　　）两圆锥面的接触情况时，色斑分布情况应在整个圆锥表面上。

A. 离合器 B. 联轴器 C. 圆锥齿轮 D. 都不是

95. 用于最后修光工件表面的工具是（　　）。

A. 油光锉 B. 粗锉刀 C. 细锉刀 D. 什锦锉

96. 当有人因触电而停止了呼吸，但心脏仍跳动，应采取的抢救措施是（　　　　）。

    A. 立即送医院抢救　　　　　　　B. 请医生抢救

    C. 就地立即做人工呼吸　　　　　D. 做体外心跳按摩

97. 薄板中间凸起是由于变形后中间材料（　　　　）引起的。

    A. 变厚　　　　　B. 变薄　　　　　C. 扭曲　　　　　D. 弯曲

98. 锉刀的主要工作面指的是（　　　　）。

    A. 有锉纹的上、下两面　B. 两个侧面　C. 全部表面　　D. 顶端面

99. 包括一组图形、必要的尺寸、必要的技术要求、零件序号和明细栏、标题栏五项内容的图样是（　　　　）。

    A. 零件图　　　　B. 装配图　　　　C. 展开图　　　　D. 示意图

100. 由一个或一组工人在不更换设备或地点的情况下完成的装配工作叫（　　　　）。

    A. 装配工序　　　B. 工步　　　　　C. 部件装配　　　D. 总装配

101. 凸缘式联轴器装配时，首先应在轴上装（　　　　）。

    A. 平键　　　　　B. 联轴器　　　　C. 齿轮箱　　　　D. 电动机

二、判断题

1. 螺母装配只包括螺母和螺钉的装配。（　　　）

2. 轮齿的接触斑点应用涂色法检查。（　　　）

3. 直流电动机的制动有机械制动和电力制动两种。（　　　）

4. 接触器是一种自动的电磁式开关。（　　　）

5. 熔断器的作用是保护电路。（　　　）

6. 将能量由原动机转换到工作机的一套装置称为传动装置。（　　　）

7. 錾削时，錾子所形成的切削角度有前角、后角和楔角，三个角之和为 90°。（　　　）

8. 修理前的准备工作应是修理工艺过程内容之一。（　　　）

9. 工业企业在计划期内生产的符合质量的工业产品实物量称为产品产量。（　　　）

10. 精密轴承部件装配时，可采用百分表，对轴承预紧的错位量进行测量，以获得准确的预紧力。（　　　）

11. 钻孔时所用切削液的种类和作用与加工材料和加工要求无关。（　　　）

12. 销是一种标准件，形状和尺寸已标准化。（　　　）

13. 錾油槽时錾子的后角要随曲面而变动，倾斜度保持不变。（　　　）

14. 装配紧键时，用度配法检查键上下表面与轴和毂槽接触情况。（　　　）

15. 零件加工表面上具有的较小间距和峰谷所组成的宏观几何形状不平的程度叫做表面粗糙度。（　　　）

16. 静压轴承的润滑状态和油膜压力与轴颈转速的关系很小，即使轴颈不旋转也可以形成油膜。（　　　）

17. 键的磨损一般都采取更换键的修理办法。（　　　）

18. 当过盈量及配合尺寸较小时，常采用温差法装配。（　　　）

19. 销连接在机械中除起到连接作用外还起定位作用和保险作用。（　　　）

20. 钻床变速前应取下钻头。（　　　）

21. 钳工车间设备较少，工件要摆放在工件架上。（　　　）

22. 实际生产中，选用退火和正火均可时，应尽可能选用退火。　　　　　　　　　　（　　）

23. 划规用来划圆和圆弧、等分线段、等分角度以及量取尺寸等。　　　　　　　　（　　）

24. 用分度头分度时，工件每转过每一等分时，分度头手柄应转进的转数 $n = 30/Z$ 为工件的等分数。　　　　　　　　　　　　　　　　　　　　　　　　　　　　　　　　　　（　　）

25. 过盈装配的压入配合时，压入过程必须连续压入速度以 2～4mm/s 为宜。　　　（　　）

26. 带轮装到轴上后，用万能角度尺检查其端面圆跳动。　　　　　　　　　　　　（　　）

27. 蜗杆传动的效率和蜗轮的齿数有关。　　　　　　　　　　　　　　　　　　　（　　）

28. 圆锥销和圆柱销都是靠过盈配合定位的。　　　　　　　　　　　　　　　　　（　　）

29. 在确定轴的直径尺寸时，先按强度条件定出最大的轴径，然后根据轴的结构要求，再进一步确定其他各段的直径。　　　　　　　　　　　　　　　　　　　　　　　　　　　　　（　　）

30. 轴心线与水平成垂直方式安装的轴，在该轴的下端必须安装推力轴承。　　　　（　　）

31. 采用圆螺母固定轴上零件的优点是：对轴上零件的拆装方便，固定可靠，能承受较大的轴向力。　　　　　　　　　　　　　　　　　　　　　　　　　　　　　　　　　　　（　　）

32. 平面刮削一般要经过粗刮、细刮、精刮三个步骤。　　　　　　　　　　　　　（　　）

33. V 带传动是依靠三角带与轮槽间的摩擦力来传递运动和动力的，因此，只要保证不超过 V 带的许用拉力，张紧力越大越有利。　　　　　　　　　　　　　　　　　　　　　　　（　　）

34. V 带的包角不应小于 120°，否则易出现打滑现象。　　　　　　　　　　　　（　　）

35. 动平衡时满足静平衡条件，所以经过动平衡的回转件一定是静平衡的；同时静平衡的回转件一定是动平衡的。　　　　　　　　　　　　　　　　　　　　　　　　　　　　　（　　）

36. 质量分布不均匀的构件在回转中，都要产生惯性力和惯性力矩，会引起附加力。附加力对高速、重型和精密机构影响十分严重。　　　　　　　　　　　　　　　　　　　　　　（　　）

37. 铰孔是为了得到尺寸精度较高，表面粗糙度较小的孔的方法。铰孔时对手法有特殊要求，其中，手铰时，两手应用力均匀，按正反两个方向反复倒顺扳转。　　　　　　　　　　（　　）

38. 当曲柄摇杆机构把旋转运动转变成往复摆时，曲柄与连杆共线的位置，就是曲柄的"死点"位置。　　　　　　　　　　　　　　　　　　　　　　　　　　　　　　　　　　　（　　）

39. 滚子从动杆凸轮机构中，凸轮的实际轮廓曲线和理论轮廓曲线是同一条曲线。　（　　）

40. 当凸轮的压力角增大到临界值时，不论从动杆是什么形式的运动都会出现自锁。（　　）

41. 在确定凸轮基圆半径的尺寸时，首先应考虑凸轮的外形尺寸不能过大，而后再考虑对压力角的影响。　　　　　　　　　　　　　　　　　　　　　　　　　　　　　　　　　　（　　）

42. 间歇运动机构能将主动件的连续运动转换成从动件的任意停止和动作的间歇运动。（　　）

43. V 带传动的选用，主要是确定三角带的型号、长度、根数和确定两带轮的直径及中心距。　　　　　　　　　　　　　　　　　　　　　　　　　　　　　　　　　　　　　（　　）

44. 为了保证 V 带的工作面与带轮轮槽工作面之间的紧密贴合，轮槽的夹角应略小于带的夹角。　　　　　　　　　　　　　　　　　　　　　　　　　　　　　　　　　　　（　　）

45. 螺旋传动通常是将直线运动平稳地变成旋转运动。　　　　　　　　　　　　　（　　）

46. "T36 12/2-3 左-"表示意义为：梯形螺纹、螺纹外径为 36mm，导程为 12mm，螺纹线数为双线，3 级精度，左旋螺纹。　　　　　　　　　　　　　　　　　　　　　　　　　（　　）

47. 斜齿轮传动的平稳性和同时参加啮合的齿数，都比直齿轮高，所以斜齿轮多用于高速、重负荷传动。　　　　　　　　　　　　　　　　　　　　　　　　　　　　　　　　　　　（　　）

48. 标准斜齿圆柱齿轮的正确啮合条件是：两啮合齿轮的端面模数和压力角相等，螺旋角相等，螺纹方向相反。 （   ）

49. 斜齿圆柱齿轮在传动中产生的轴向和圆周分力的大小，与轮齿的螺旋角大小有关，与压力角无关。 （   ）

50. 十字滑块联轴器的缺点是：当转速高时，由于中间盘的偏心，而产生较大的偏心惯性力，给轴和轴承带来附加载荷。 （   ）

三、实操训练

制作多角样板（一）

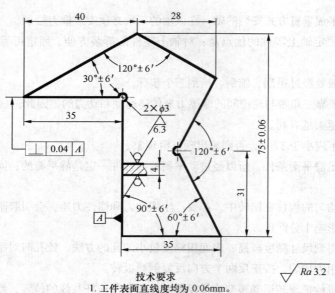

技术要求
1. 工件表面直线度均为 0.06mm。
2. 未注公差按 IT12 级。

1. 备料。45 钢（82mm×77mm×4mm）

2. 主要工量具。90°角尺、万能游标角度尺、扁锉（粗、中、细）

制作多角样板评分表

项　次	项目和技术要求	实训记录	配　分	得　分
1	（75±0.06）mm		5	
2	120°±6′（凸）		10	
3	30°±6′		10	
4	120°±6′（凹）		10	
5	60°±6′		10	
6	90°±6′		10	
7	⊥ 0.04 A		10	
8	Ra3.2μm（7处）		2×7	
9	— 0.06（7处侧面）		3×7	
10	安全文明生产，违者扣 1～10 分。			

制作工形板（二）

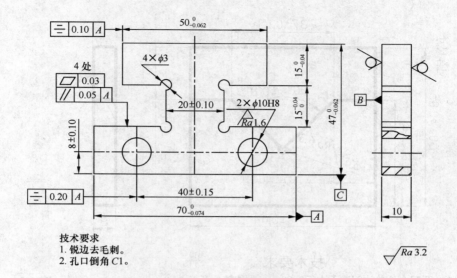

技术要求
1. 锐边去毛刺。
2. 孔口倒角C1。

$\sqrt{Ra\,3.2}$

制作工形板评分表

项　次	项目和技术要求	实训记录	配　分	得　分
1	$70_{-0.074}^{0}$ mm		8	
2	$50_{-0.062}^{0}$ mm		8	
3	$47_{-0.062}^{0}$ mm		8	
4	$15_{0}^{+0.04}$ mm		6×2	
5	（20±0.10）mm		5	
6	（40±0.15）mm		4	
7	（8±0.10）mm（2处）		2×2	
8	4×C1		1×4	
9	2×ϕ10H8（2处）		4×2	
10	⟋0.03（4处）		2×4	
11	⬒0.20 A		8	
12	⬒0.10 A		8	
13	//0.05 C（4处）		2×4	
14	Ra3.2μm（12处）		0.5×12	
15	Ra1.6μm（2处）		0.5×2	
16	安全文明生产，违者扣1～10分。			

V 形镶配（三）

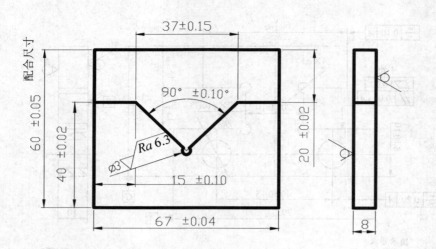

技术要求

1、两配合处单边间隙不大于0.06mm，且能转位互换。
2、棱边倒钝R0.2。

$\sqrt{}$ _Ra 3.2_

1. 备料。Q235 钢（68mm×81mm×8mm）。
2. 主要工量具。游标卡尺、锉刀、手锯、钻头、塞尺、刀口尺、90°样板。

V 形锉配评分表

项　　次	项目和技术要求	实 训 记 录	配　　分	得　　分
1	（67±0.04）mm（凹凸件）		12	
2	（40±0.02）mm		5	
3	（20±0.02）mm		5	
4	（15±0.1）mm（凹凸件）		10	
5	（90°±10'）mm（凹凸件）		14	
6	（37±0.15）mm（凹凸件）		14	
7	ϕ3mm		10	
8	配合		16	
9	14 处表面粗糙度		14	
10	安全文明生产，违者扣 1～10 分。			

制作錾口锤子（四）

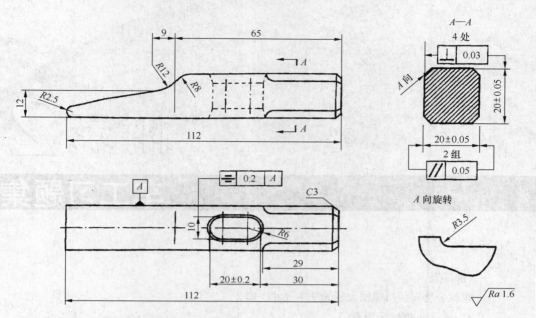

1. 备料。45 钢（ϕ30mm × 115mm）。
2. 主要工量具。游标卡尺、锉刀、手锯、钻头、刀口尺、万能角度尺。

制作錾口锤子评分表

项　次	项目和技术要求	实训记录	配　　分	得　　分
1	（20 ± 0.05）mm（2 处）		8	
2	⊥ 0.03 （4 处）		8	
3	∥ 0.05 （2 处）		6	
4	R2.5mm 圆弧面圆滑		6	
5	C3（4 处）		8	
6	R3.5mm 内圆弧连接（4 处）		12	
7	R12mm 与 R8mm 连接		14	
8	舌部斜平面直线度：0.03mm		10	
9	各倒角均匀，棱线清晰		6	
10	表面粗糙度：Ra1.6μm		4	
11	（20 ± 0.20）mm		10	
12	≡ 0.2 A		4	
13	表面粗糙度：Ra6.3μm		4	
14	安全文明生产，违者扣 1～10 分。			

一、选择题

1. 螺纹公称直径指螺纹大径的基本尺寸，即（　　）。

    A. 内、外螺纹牙顶直径

    B. 外螺纹牙底和内螺纹牙顶直径

    C. 外螺纹牙顶和内螺纹牙底直径

2. 如遇人触电，必须以最快的方法使触电者脱离电源，其方法是（　　）。

    A. 立即切断电源开关　　　　　　　　　B. 用手拉开触电者

3. 用螺纹千分尺可测量外螺纹的（　　）。

    A. 大径　　　　　　　　　　　　　　　B. 小径

    C. 中径　　　　　　　　　　　　　　　D. 螺距

4. （　　）可以是正负或者为零。

    A. 公差　　　　　　　　　　　　　　　B. 偏差

5. 用万能角度尺测量工件时，当测量角度大于 90° 小于 180° 时，应加上（　　）。

    A. 90°　　　　　　　　B. 180°　　　　　　　　C. 360°

6. HB 是（　　）硬度符号，HRC 是（　　）硬度符号。

    A. 洛氏　　　　　　　B. 维氏　　　　　　　　C. 布氏

7. 低碳钢的碳的质量分数为（　　）；中碳钢的碳的质量分数为（　　）；高碳钢的碳的质量分数为（　　）.

    A. <0.25%　　　　　　B. 0.15%～0.45%　　　　C. 0.25%～0.6%

    D. 0.5%～1.5%　　　　E. 0.6%～2.11%

8. 将钢加热到一定温度，保温一定时间，然后缓慢地冷却至室温，这一热处理过程为（　　）。

    A. 退火　　　　　　　B. 正火　　　　　　　　C. 回火

9. 淬火及低温回火工序一般安排在（　　）。

    A. 粗加工之后，半精加工之前　　　　　B. 半精加工之后，磨削之前

10. 机床照明灯应选（　　）V 或（　　）V 电压供电。

    A. 220　　　　　　　　B. 110　　　　　　　　C. 36　　　　D. 24

11. 在两个传动齿轮中间加入一个齿轮（介轮），其作用是改变齿轮的（　　）。

    A. 传动比　　　　　　B. 旋转方向　　　　　　C. 旋转速度

12. 在夹具中，（　　）装置用于确定工件在夹具中的位置。

    A. 定位　　　　　　　B. 夹紧　　　　　　　C. 辅助

13. 刀具的前刀面和基面之间的夹角是（　　）。

    A. 楔角　　　　　　　B. 刃倾角　　　　　　C. 前角

14. 由外圆向中心处横向进给车端面时，切削速度是（　　）。

    A. 不变　　　　　　　B. 由高到低　　　　　C. 由低到高

15. 切削脆性金属易产生（　　）切屑。

    A. 带状　　　　　　　B. 挤裂　　　　　　　C. 崩碎

16. 粗加工时，切削液选用以冷却为主的（　　）。

    A. 切削油　　　　　　B. 混合油　　　　　　C. 乳化油

17. 前角增大能使车刀（　　）。

    A. 刃口锋利　　　　　B. 切削费力　　　　　C. 排屑不畅

18. 用一夹一顶装夹工件时，若后顶尖轴线不在车床主轴轴线上，会产生（　　）。

    A. 振动　　　　　　　B. 锥度　　　　　　　C. 表面粗糙度达不到要求

19. 钻中心孔时，如果（　　）就不易使中心钻折断。

    A. 主轴转速较高　　　B. 工件端面不平　　　C. 进给量较大

20. 车孔的公差等级可达（　　）。

    A. IT 7～IT 8　　　　B. IT 8～IT 9　　　　C. IT 9～IT 1 0

21. 切削液中的乳化液，主要起（　　）作用。

    A. 冷却　　　　　　　B. 润滑　　　　　　　C. 减少摩擦

22. 选择刃倾角时应当考虑（　　）因素的影响。

    A. 工件材料　　　　　B. 刀具材料　　　　　C. 加工性质

23. 车削同轴度要求较高的套类工件时，可采用（　　）。

    A. 台阶式心轴　　　　B. 小锥度心轴　　　　C. 软卡爪

24. 滚花时选用（　　）的切削速度。

    A. 较高　　　　　　　B. 中等　　　　　　　C. 较低

25. 粗加工时，切削热应选用以冷却为主的（　　）。

    A. 切削油　　　　　　B. 混合油　　　　　　C. 乳化油

26. 切削时，切屑排向工件以加工表面的车刀，刀尖位于主切削刃的（　　）点。

    A. 最高　　　　　　　B. 最低　　　　　　　C. 任意

27. 钻中心孔时，如果（　　）就轻易使中心钻折断。

    A. 主轴转速较高　　　B. 工作端面不平　　　C. 进给量较大

28. 粗车时为了提高生产率，选用切削用量时，应首先选较的（　　）。

    A. 切削速度　　　　　B. 背吃刀量　　　　　C. 进给量

29. 粗加工时，切削液应该选用以冷却为主的（　　）。

      A. 切削液   B. 混合油   C. 乳化油

30. 主轴的旋转运动通过交换齿轮箱、进给箱、丝杠或光杠、溜板箱的传动，使刀架做（   ）进给运动。

      A. 曲线   B. 直线   C. 圆弧

31. （   ）的作用是把主轴旋转运动传送给进给箱。

      A. 主轴箱   B. 溜板箱   C. 交换齿轮箱

32. 加工铸铁等脆性材料时，应选用（   ）类硬质合金。

      A. 钨钛钴   B. 钨钴   C. 钨钛

33. 刀具的前角面和基面之间的夹角是（   ）。

      A. 楔角   B. 刃倾角   C. 前角

34. 选择刃倾角是应当考虑（   ）因素的影响。

      A. 工件材料   B. 刀具材料   C. 加工性质

35. 车外圆时，切削速度计算式中的直径 D 是指（   ）直径。

      A. 待加工表面   B. 加工表面   C. 已加工表面

36. 粗车时为了提高生产率，选用切削用量时，应首先取较大的（   ）。

      A. 背吃刀量   B. 进给量   C. 切削速度

37. 切断时的背吃刀量等于（   ）。

      A. 直径之半   B. 刀头宽度   C. 刀头长度

38. 切断刀折断的主要原因是（   ）。

      A. 刀头宽度太宽   B. 副偏角和副后角太大   C. 切削速度高

39. 车刀装歪，对（   ）有影响。

      A. 前后角   B. 主副偏角

      C. 刃倾角   D. 刀尖角

40. 圆锥管螺纹的锥度是（   ）。

      A. 1:20   B. 1:5   C. 1:16

41. 为了确保安全，在车床上锉削成形面时应（   ）握锉刀刀柄。

      A. 左手   B. 右手   C. 双手

42. 标准梯形螺纹的牙形为（   ）。

      A. 20°   B. 30°   C. 60°

43. 用四爪单动卡盘加工偏心套时，测偏心距时，可将（   ）偏心孔轴线的卡爪再紧一些。

      A. 远离   B. 靠近   C. 对称于

44. 用丝杠把偏心卡盘上的两测量头调到相接触后，偏心卡盘的偏心距为（   ）。

      A. 最大值   B. 中间值   C. 零

45. 工件经一次装夹后，所完成的那一部分工序称为一次（   ）。

      A. 安装   B. 加工   C. 工序

46. 车螺纹时，螺距精度达不到要求，与（   ）无关。

      A. 丝杠的轴向窜动   B. 传动链间隙   C. 主轴颈的圆度

47. 开合螺母的作用是接通或断开从（   ）传来的运动的。

      A. 丝杠   B. 光杠   C. 床鞍

48. 四爪单动卡盘的每个卡爪都可以单独在卡盘范围内做（　　）移动。

    A. 圆周　　　　　　　　B. 轴向　　　　　　　C. 径向

49. 千分尺是常用精密量具之一，规格每隔（　　）为一挡。

    A. 25mm　　　　　　　B. 20mm　　　　　　C. 35mm　　　　　　D. 30mm

50. 车削薄壁零件须解决的首要问题是减少零件的变形，特别是（　　）所造成的变形。

    A. 切削垫　　　　　　B. 振动　　　　　　　C. 切削力　　　　　D. 夹紧力和切削力

51. 车细长轴时，为减少弯曲变形，车刀的主偏角应取（　　），以减少径向切削分力。

    A. 15°～30°　　　　　B. 30°～45°　　　　C. 45°～80°　　　　D. 80°～93°

52. 精密丝杠加工时的定位基准面是（　　），为保证精密丝杠的精度，必须在加工过程中保证定位基准的质量。

    A. 外圆和端面　　　　B. 端面和中心孔　　C. 中心孔和外圆　　D. 外圆和轴肩

53. （　　）车床适合车削直径大，工件长度较短的重型工件。

    A. CA6140　　　　　　B. 立式　　　　　　C. 回轮　　　　　　D. 转塔

54. 车刀在高温下所能保持正常切削的性能是指（　　）。

    A. 硬度　　　　　　　B. 耐磨性　　　　　C. 强度　　　　　　D. 红硬性

55. （　　）类硬质合金，由于它较脆，不耐冲击，不宜加工脆性金属。

    A. K　　　　　　　　　B. P　　　　　　　　C. M　　　　　　　　D. YG

56. 使用轴向分线法分线时，当车好一条螺旋槽后，把车也沿工件轴线方向移动一个（　　），再车削第二条螺旋槽。

    A. 牙型　　　　　　　B. 螺距　　　　　　C. 导程　　　　　　D. 螺距或导程均可

57. 用三爪自定心卡盘夹外圆车薄壁工件内孔，由于夹紧力分布不均匀，加工后易出现（　　）形状。

    A. 外圆呈三棱形　　　B. 内孔呈三棱形　　C. 外圆呈椭圆　　　D. 内孔呈椭圆

58. 测量薄壁零件时，容易引起测量变形的主要原因是（　　）选择不当。

    A. 量具　　　　　　　B. 测量基准　　　　C. 测量压力　　　　D. 测量方向

59. 跟刀架的支承爪与工件的接触应当（　　）。

    A. 非常松　　　　　　　　　　　　　B. 松紧适当

    C. 非常紧　　　　　　　　　　　　　D. A. B 和 C 答案都不对

60. 车削深孔时，刀杆刚性差容易让刀，因此工件会产生（　　）误差。

    A. 平行度　　　　　　B. 垂直度　　　　　C. 形状　　　　　　D. 圆柱度

61. 一般主轴的加工工艺路线为：下料→锻造→退火（正火）→粗加工→调质→半精加工→（　　）→粗磨→低温时效→精磨。

    A. 时效　　　　　　　B. 淬火　　　　　　C. 调质　　　　　　D. 正火

62. 车细长轴时，跟刀架卡爪与工件的接触压力太小，或根本就没有接触到，这时车出的工件会出现（　　）。

    A. 竹节形　　　　　　B. 麻花形　　　　　C. 频率振动　　　　D. 弯曲变形

63. 加工轴类零件时，常用两个中心孔作为（　　）。

    A. 粗基准　　　　　　　　　　　　　B. 粗基准、精基准

    C. 装配基准　　　　　　　　　　　　D. 定位基准、测量基准

64. 车削对配圆锥时，车好外圆锥后，保持小滑板已调整位置不动，使工件（　　）用车刀在对面车削内圆锥。

    A. 反转　　　　　　　B. 正转　　　　　　　C. 高速转　　　　　　D. 以上都不对

65. 薄壁工件加工刚性差时。车刀的前角和后角应选（　　）。

    A. 大些　　　　　　　B. 小些　　　　　　　C. 负值　　　　　　　D. 零值

66. 采用 90° 车刀粗车细长轴，安装车刀时刀尖应（　　）工件轴线，以增加切削的平稳性。

    A. 对准　　　　　　　B. 严格对准　　　　　C. 略高于　　　　　　D. 略低于

67. 使用（　　）装夹车削偏心工件时，因偏心距较大其基准圆容纳不下偏心顶尖孔，可使用偏心夹板。

    A. 四爪卡盘　　　　　B. 三爪卡盘　　　　　C. 偏心卡盘　　　　　D. 两顶尖

68. 薄套类工件，其轴向受力状况优于径向，可采用（　　）夹紧的方法。

    A. 轴向　　　　　　　B. 径向　　　　　　　C. 正向　　　　　　　D. 反向

69. 车普通螺纹时，车刀的刀尖角应等于（　　）。

    A. 30°　　　　　　　B. 55°　　　　　　　C. 60°

70. 在砂轮机上磨刀具时，人应站在（　　）操作。

    A. 正面　　　　　　　B. 任意处　　　　　　C. 侧面

71. 车刀角度中，最重要的是（　　），它的大小影响刀具的锐利程度和强度。

    A. 前角　　　　　　　B. 后角　　　　　　　C. 主偏角

72. 车削长度较短，锥度较大的圆锥面，通常采用（　　）法。

    A. 宽刃刀　　　　　　B. 转动小滑板　　　　C. 偏移尾座

73. （　　）的功能是接通或断开从丝杠传来的运动。

    A. 操纵机构　　　　　B. 开合螺母　　　　　C. 互锁机构

74. 精加工时，通常应取（　　）的刃倾角，使切屑流向待加工表面。

    A. 正值　　　　　　　B. 负值　　　　　　　C. 零值

75. 车削台阶轴时，应选用主偏角为（　　）的车刀。

    A. 75°　　　　　　　B. 90°　　　　　　　C. ≥90°

76. 工件外圆形状许可时，粗车刀最好选（　　）左右。

    A. 45°　　　　　　　B. 75°　　　　　　　C. 90°

77. 车削塑性材料时，应取（　　）的前角。

    A. 较小　　　　　　　B. 较大　　　　　　　C. 随意

78. 安装切断刀必须使主切削刃与工件中心（　　）。

    A. 等高　　　　　　　B. 略高　　　　　　　C. 略低

79. 刀具的磨损有三个阶段，使用刀具时，不应超过（　　）阶段范围。

    A. 初期磨损　　　　　B. 正常磨损　　　　　C. 急剧磨损

80. 选择精车时的切削深度，应根据（　　）要求由粗加工后留下的余量确定。

    A. 加工精度　　　　　B. 表面粗糙度　　　　C. 加工精度和表面粗糙度

81. 用转动小滑板法车削圆锥面时，车床小滑板应转过的角度为（　　）。

    A. 圆锥角（α）　　B. 圆锥半角（$\alpha/2$）　　C. 1:20

82. 减少（　　）可以减少工件的表面粗糙度。

A. 主偏角   B. 副偏角   C. 刀尖角

83. 机床照明灯应选（   ）V 电压供电。

A. 220   B. 110   C. 36   D. 380

84. 刃倾角是（   ）与基面之间的夹角。

A. 前面   B. 主后刀面   C. 主切削刃

85. 车削脆性材料时，应取（   ）前角。

A. 较小   B. 较大   C. 随意

86. 车刀的（   ），影响切屑的流出方向。

A. 前角   B. 后角   C. 刃倾角

87. 在图样上所标注的法定长度计量单位为（   ）。

A. 米（m）   B. 厘米（cm）   C. 毫米（mm）

88. 评定表面粗糙度普遍采用（   ）参数。

A. Ry B. Ra C. Rz

89. 45 钢是（   ）碳优质碳素结构钢。

A. 高   B. 中   C. 低

90. 车削细长轴时，要使用中心架和跟刀架来增加工件的（   ）。

A. 刚性   B. 韧性   C. 强度

91. 车削（   ）材料时，车刀可选择较大的前角。

A. 软   B. 硬   C. 脆性

92. 以下三种材料中，塑性最好的是（   ）。

A. 纯铜   B. 铸铁   C. 中碳钢

93. 车外圆时，切削速度计算式中的直径 D 是指（   ）直径。

A. 待加工表面   B. 加工表面   C. 已加工表面

94. 在装夹不通孔车刀时，刀尖（   ），否则车刀容易折碎。

A. 应高于工件旋转中心

B. 与工件旋转中心等高

C. 应低于工件旋转中心

95. 用三针测量法可测量螺纹的（   ）。

A. 大径   B. 小径   C. 中径

96. 钻孔时，为了减小轴向力，应对麻花钻的（   ）进行修磨。

A. 主切削刃   B. 横刃   C. 棱边

97. 标准麻花钻的顶角一般在（   ）左右。

A. 100°   B. 118°   C. 140°

98. 车刀刀尖处磨出过渡刃是为了（   ）。

A. 断屑   B. 提高刀具寿命   C. 增加刀具强度

99. 图样上 Tr48×12—7G 代号中 Tr 表示（   ）。

A. 普通螺纹   B. 三角螺纹   C. 梯形螺纹   D. 锯齿螺纹

100. 后角的主要作用是（   ）。

A. 减少切削变形   B. 减少车刀后刀面与工件摩擦   C. 减少切削力

二、判断题

1. 内径百分表示值误差很小，在测量前不用百分表校对。 （　　）
2. 为了保证安全，机床电器的外壳必须要接地。 （　　）
3. 螺旋传动可以把回转运动变成直线运动。 （　　）
4. 机械效率是指输入功率与输出功率的比值，即输入/输出=η。 （　　）
5. 机床电路中，为了起到保护作用，熔断器应装在总开关的前面。 （　　）
6. 圆锥斜度是锥度的 1/2。 （　　）
7. 车工在操作中严禁戴手套。 （　　）
8. 变换进给箱手柄的位置，在光杠和丝杠的传动下，能使车刀按要求方向作进给运动。 （　　）
9. 车床运转 500h 后，需要进行一级保养。 （　　）
10. 切削铸铁等脆性材料时，为了减少粉末状切屑，需用切削液。 （　　）
11. 钨钛钴类硬质合金硬度高、耐磨性好、耐高温，因此，可用来加工各种材料。 （　　）
12. 进给量是工件每回转 1min，车刀沿进给运动方向上的相对位移。 （　　）
13. 90 度车刀（偏刀），主要用来车削工件的外圆、端面和台阶。 （　　）
14. 精车时，刃倾角应取负值。 （　　）
15. 一夹一顶装夹适用于工序较多、精度较高的工件。 （　　）
16. 中心孔钻得过深，会使中心孔磨损加快。 （　　）
17. 软卡爪装夹是以外圆为定位基准车削工件的。 （　　）
18. 麻花钻刃磨时，只要两条主切削刃长度相等就行。 （　　）
19. 使用内径百分表不能直接测的工件的实际尺寸。 （　　）
20. 车圆球是由两边向中心车削，先粗车成型后在精车，逐渐将圆球面车圆整。 （　　）
21. 公称直径相等的内外螺纹中径的基本尺寸应相等。 （　　）
22. 三角螺纹车刀装夹时，车刀刀尖的中心线必须与工件轴线严格保持垂直，否则会产生牙型歪斜。 （　　）
23. 直进法车削螺纹，刀尖较易磨损，螺纹表面粗糙度值较大。 （　　）
24. 加工脆性材料，切削速度应减小，加工塑性材料，切削用量可相应增大。 （　　）
25. 采用弹性刀柄螺纹车刀车削螺纹，当切削力超过一定值时，车刀能自动让开，使切削保持适当的厚度，粗车时可避免"扎刀"现象。 （　　）
26. 高速钢螺纹车刀，主要用于低速车削精度较高的梯形螺纹。 （　　）
27. 梯形内螺纹大径的上偏差是正值，下偏差是零。 （　　）
28. 对于精度要求较高的梯形螺纹，一般采用高速钢车刀低速切削法。 （　　）
29. 用英制丝杠的车床车削各种规格的普通螺纹会产生乱牙的现象。 （　　）
30. 主轴间隙过大或过小，都会造成工件加工表面产生规律性的波动。 （　　）
31. 圆锥体的大小端直径差之半与其长度之比称斜度。 （　　）
32. 零件尺寸的偏差一定大于下偏差。 （　　）
33. 车削速度越高，切削消耗的功率越大，因而切削力也大。 （　　）
34. 调整进给箱手柄位置时，如果齿轮挂不上，应将车床开动后再挂。 （　　）
35. 切削合金钢要比切削中碳钢的切削速度降低 20～30%。 （　　）
36. 切削脆性材料时，最易出现刀具前面磨损。 （　　）

37. 高速切削时可用高速钢车刀。　　　　　　　　　　　　　　　　　　　（　　　）

38. 铰削余量过大或过小都会使表面粗糙度增大。　　　　　　　　　　　　（　　　）

39. 研磨可改变工件表面形状误差，还可获得很高的精度和极小表面粗糙度。（　　　）

40. 75° 车刀比 90° 偏刀的散热性能差。　　　　　　　　　　　　　　　　（　　　）

41. 用径向前角较大的螺纹车刀车削三角螺纹，牙型两侧不是直线。　　　　（　　　）

42. 车内孔时，车刀装得高于工件中心，车刀的前角减小，后角增大。　　　（　　　）

43. 切削速度选择得过高或过低易产生积屑瘤。　　　　　　　　　　　　　（　　　）

44. 切削时，切削热的传散主要靠切屑，其次为工件，刀具和介质。　　　　（　　　）

45. 滚花以前应将滚花部分的直径车小些。　　　　　　　　　　　　　　　（　　　）

46. 钻头的前角自外圆向中心逐渐减小，在中心处呈负前角。　　　　　　　（　　　）

47. 铰刀最易磨损部位为切削部分。　　　　　　　　　　　　　　　　　　（　　　）

48. 车削锥体件时，车刀刀尖没有对准工件中心会产生双曲线误差。　　　　（　　　）

49. 加工表面旋转线与基面平行的外形复杂的工件适合安装在花盘上加工。　（　　　）

50. 钻头的横刃太长会使轴向阻力增大。　　　　　　　　　　　　　　　　（　　　）

三、实操训练

技能鉴定初级试题（一）

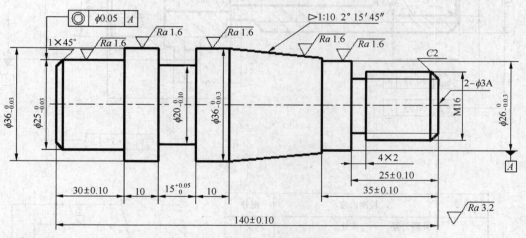

要求如下：

项　目	内　　容		配　分	评　分　标　准
外圆	外圆公差	4 处	5×4	超 0.01mm 扣 2 分超 0.2mm 不的分
	外圆 Ra1.6μm	4 处	3×4	$Ra > 1.6$mm 不得分
槽	$\phi20_{-0.16}^{0}$mm	Ra3.2μm	5/3	超差，$Ra > 3.2$mm 不得分
	（15±0.05）mm		6	超 0.02mm 不得分
锥	1:10	Ra1.6μm	6/4	超 0.05mm，$Ra > 1.6$μm 不得分
螺纹	$\phi16$ Ra3.2μm	两侧	3/4	超 Ø$16_{-0.16}^{0}$ 不得分
	$\phi14.7_{-0.16}^{0}$mm		6	超 0.01mm 扣 1 分，超 0.03mm 不得分
长度	长度公差	4 处	2×4	超差不得分
	10mm	2 处	1×2	超差不得分

项　目	内　容		配分	评分标准
倒角	倒角	2 处	2×2	未倒不得分
	清角去锐边	7 处	1×7	未倒不得分
位置	同轴度		5	超 0.01mm 扣 1 分，超 0.02mm 不得分
外观	工件完整		2	不完整扣分
安全	安全文明操作		3	违章扣分

中级车工技能鉴定试题（二）

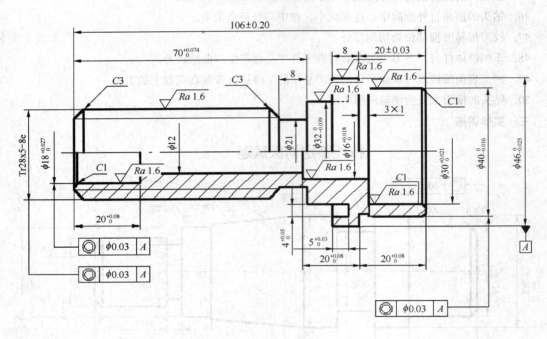

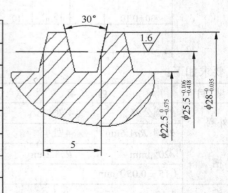

序号	检测内容		配分
1	外圆公差	3 处	5×3
2	外圆 Ra1.6μm	3 处	3×3
3	梯形螺纹 Ra1.6μm		8/4
4	孔 φ16mm、φ18mm、φ30nn、Ra1.6μm		6×3/3×3
5	通孔 φ12mm		2
6	端面槽		1×2
7	退刀槽	2 处	1×2
8	长度公差	3 处	3×3
9	倒角	5 处	2×5
10	工件完整		3×3
11	安全文明操作		

技能竞赛试题（三）

件 1

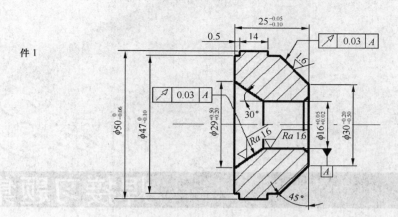

件 2

件 3

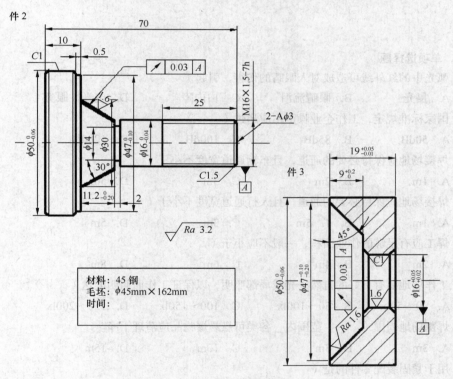

材料：45 钢
毛坯：ϕ45mm×162mm
时间：

一、单项选择题

1. 弧光中的红外线可造成对人眼睛的伤害，引起（　　）。

　　A. 畏光　　　　　B. 眼睛流泪　　　　C. 白内障　　　　　D. 电光性眼炎

2. 国家标准规定，工作企业噪声不应超过（　　）。

　　A. 50dB　　　　　B. 85dB　　　　　　C. 100dB　　　　　D. 120dB

3. 焊接场地应保持必要的通道，且车辆通道宽度不小于（　　）。

　　A. 1m　　　　　　B. 2m　　　　　　　C. 3m　　　　　　　D. 5m

4. 焊接场地应保持必要的通道，且人行通道宽度不小于（　　）。

　　A. 1m　　　　　　B. 1.5m　　　　　　C. 3m　　　　　　　D. 5m

5. 焊工应有足够的作业面积，一般不应小于（　　）。

　　A. $2m^2$　　　　　B. $4m^2$　　　　　C. $6m^2$　　　　　D. $8m^2$

6. 工作场地要有良好的自然采光或局部照明，以保证工作面照明度达（　　）。

　　A. 30~50lx　　　B. 50~100lx　　　C. 100~150lx　　　D. 150~200lx

7. 焊割场地周围（　　）范围内，各类可燃易爆物品应清理干净。

　　A. 3m　　　　　　B. 5m　　　　　　　C. 10m　　　　　　D. 15m

8. 用于紧固装配零件的是（　　）。

　　A. 夹紧工具　　　B. 压紧工具　　　　C. 拉紧工具　　　　D. 撑具

9. 扩大或撑紧装配件用的工具是（　　）。

　　A. 夹紧工具　　　B. 压紧工具　　　　C. 拉紧工具　　　　D. 撑具

10. 将所装配零件的边缘拉到规定的尺寸应该是（　　）。

　　A. 夹紧工具　　B. 压紧工具　　　C. 拉紧工具　　　D. 撑具

11. 下列焊条型号中（　　）是灰铸铁焊条。

　　A. EZCQ　　　B. EZC　　　　　C. EZV　　　　　D. EZNi

12. 下列焊条型号中（　　）是常用的纯镍铸铁焊条。

A. EZCQ　　　B. EZC　　　C. EZV　　　D. EZNi

13. 常用的型号为 EZNi-1 的纯镍铸铁焊条，牌号是（　　）。
　　A. Z208　　　B. Z308　　　C. Z408　　　D. Z508

14. 牌号为 Z248、Z208 的铸铁焊条是（　　）。
　　A. 灰铸铁焊条　　　B. 纯镍铸铁焊条
　　C. 高钒铸铁焊条　　　D. 球墨铸铁焊条

15. 要求焊后加工的机床床面、气缸加工面的重要灰铸铁焊接时，应选用（　　）焊条。
　　A. 灰铸铁焊条　　　B. 纯镍铸铁焊条
　　C. 高钒铸铁焊条　　　D. 球墨铸铁焊条

16. 下列焊丝型号中（　　）是灰铸铁焊丝。
　　A. RZC-1　　　B. RZCH　　　C. RZCQ-1　　　D. RZCQ-2

17. 铸铁焊丝 RZCH 型号中的"H"表示（　　）。
　　A. 熔敷金属的力学性能高　　　B. 熔敷金属中含有合金元素
　　C. 熔敷金属中含碳量高　　　D. 熔敷金属中含硫和磷量高

18. 铸铁气焊用熔剂的牌号是（　　）。
　　A. CJ101　　　B. CJ201　　　C. CJ301　　　D. CJ401

19. 常用来焊接除铝镁合金以外的铝合金的通用焊丝是（　　）。
　　A. 纯铝焊丝　　　B. 铝镁焊丝　　　C. 铝硅焊丝　　　D. 铝锰焊丝

20. 常用来焊接除铝镁合金以外的铝合金的通用焊丝型号是（　　）。
　　A. SAl—3　　　B. SAlSi—1　　　C. SAlMn　　　D. SAlMg—5

21. 用来焊接铝镁合金的焊丝型号是（　　）。
　　A. SAl—3　　　B. SAlSi—1　　　C. SAlMn　　　D. SAlMg—5

22. 焊接黄铜时，为了抑制（　　）的蒸发，可选用含硅量高的黄铜或硅青铜焊丝。
　　A. 铝　　　B. 镁　　　C. 锰　　　D. 锌

23. 焊接黄铜时，为了抑制锌的蒸发，可选用含（　　）量高的黄铜或硅青铜焊丝。
　　A. 铝　　　B. 镁　　　C. 锰　　　D. 硅

24. 铝气焊熔剂的牌号是（　　）。
　　A. CJ101　　　B. CJ201　　　C. CJ301　　　D. CJ401

25. 铜气焊熔剂的牌号是（　　）。
　　A. CJ101　　　B. CJ201　　　C. CJ301　　　D. CJ401

26. 铸铁焊补时，热焊法的预热温度为（　　）。
　　A. 100～150℃　　　B. 400℃左右　　　C. 250～300℃　　　D. 600～700℃

27. 铸铁焊补时，半热焊法的预热温度为（　　）。
　　A. 100～150℃　　　B. 400℃左右　　　C. 250～300℃　　　D. 600～700℃

28. 铝及铝合金工件和焊丝表面清理以后，在潮湿的情况下，一般应在清理（　　）h 内施焊。
　　A. 4　　　B. 12　　　C. 24　　　D. 36

29. 铝及铝合金工件和焊丝表面清理以后，在干燥的情况下，一般应在清理（　　）h 内施焊。
　　A. 4　　　B. 12　　　C. 24　　　D. 36

30. 铜及铜合金焊接前工件常需要预热，预热温度一般为（　　）。

A. 100～150℃ B. 200～250℃ C. 300～700℃ D. 700～800℃

31. 异种金属焊接时，熔合比越小越好的原因是为了（　　）。

　　A. 减小焊接材料的填充量 　　　　　B. 减小熔化的母材对焊缝的稀释作用

　　C. 减小焊接应力 　　　　　　　　　D. 减小焊接变形

32. 对外径小于等于（　　）mm 的管接头，在做拉伸试验时，可取整管作拉伸试样，并可制作塞头，以利夹持。

　　A. 28 　　　　B. 38 　　　　C. 48 　　　　D. 58

33. 焊接接头拉伸试验接头拉伸试件的数量应不少于（　　）个。

　　A. 1 　　　　B. 2 　　　　C. 3 　　　　D. 4

34. 焊接接头拉伸试验整管接头拉伸试件的数量应不少于（　　）个。

　　A. 1 　　　　B. 2 　　　　C. 3 　　　　D. 4

35. 焊接接头正弯、背弯和侧弯试样各不少于（　　）个。

　　A. 1 　　　　B. 2 　　　　C. 3 　　　　D. 4

36. 碳素钢、奥氏体钢双面焊的焊接接头弯曲试验合格标准是弯曲角度为（　　）。

　　A. 180° 　　　B. 100° 　　　C. 90° 　　　D. 50°

37. 碳素钢、奥氏体钢单面焊的焊接接头弯曲试验合格标准是弯曲角度为（　　）。

　　A. 180° 　　　B. 100° 　　　C. 90° 　　　D. 50°

38. 弯曲试样弯曲到规定的角度后，其拉伸面上如有长度大于（　　）mm 的横向裂纹或缺陷，或出现长度大于3mm 的纵向裂纹或缺陷，则评为不合格。

　　A. 1 　　　　B. 1. 5 　　　　C. 2 　　　　D. 3

39. 焊接接头冲击试验的标准试样一般带有（　　）缺口。

　　A. V 形 　　　B. Y 形 　　　C. X 形 　　　D. K 形

40. 焊接接头冲击试样的缺口不能开在（　　）位置。

　　A. 焊缝 　　　B. 熔合线 　　　C. 热影响区 　　　D. 母材

41. 焊接接头冲击试验的试样，按缺口所在位置各自不少于（　　）个。

　　A. 1 　　　　B. 2 　　　　C. 3 　　　　D. 4

42. 斜 Y 形坡口对接裂纹试验适用于焊接接头的（　　）抗裂性能试验。

　　A. 热裂纹 　　　B. 冷裂纹 　　　C. 弧坑裂纹 　　　D. 层状撕裂

43. 斜 Y 形坡口对接裂纹试验方法的试件两端开（　　）坡口。

　　A. X 形 　　　B. U 形 　　　C. V 形 　　　D. 斜 Y 形

44. 斜 Y 形坡口对接裂纹试验方法的试件中间开（　　）坡口。

　　A. X 形 　　　B. U 形 　　　C. V 形 　　　D. 斜 Y 形

45. 斜 Y 形坡口对接裂纹试验规定试件数量为：每次试验应取（　　）个。

　　A. 1 　　　　B. 2 　　　　C. 3 　　　　D. 4

46. 斜 Y 形坡口对接裂纹试验焊完的试件应经（　　）h 以后，才能开始进行裂纹的检测和解剖。

　　A. 12 　　　　B. 24 　　　　C. 36 　　　　D. 48

47. 灰铸铁中的碳是以（　　）形式分布于金属基体中。

　　A. 片状石墨 　　　B. 团絮状石墨 　　　C. 球状石墨 　　　D. Fe$_3$C

48. 白铸铁中的碳是以（　　）形式分布于金属基体中。

A. 片状石墨　　　　B. 团絮状石墨　　　　C. 球状石墨　　　　D. Fe_3C

49. 球墨铸铁中的碳是以（　　　）形式分布于金属基体中。

A. 片状石墨　　　　B. 团絮状石墨　　　　C. 球状石墨　　　　D. Fe_3C

50. 灰铸铁焊接时存在的主要问题是：焊接接头容易（　　　）。

A. 产生白铸铁组织和裂纹　　　　　　　　B. 耐蚀性降低

C. 未熔合、易变形　　　　　　　　　　　D. 产生夹渣和气孔

51. 采用非铸铁型焊接材料焊接灰铸铁时，在（　　　）极易形成白铸铁组织。

A. 焊缝　　　　　　B. 半熔化区　　　　　C. 焊趾　　　　　　D. 热影响区

52. 灰铸铁焊接时，采用栽螺钉法的目的是（　　　）。

A. 防止焊缝产生白铸铁　　　　　　　　　B. 防止焊缝产生气孔

C. 防止焊缝剥离　　　　　　　　　　　　D. 防止焊缝产生夹渣

53. 灰铸铁采用火焰钎焊时，一般采用（　　　）作为钎料。

A. 铸铁焊丝　　　　B. 铝焊丝　　　　　　C. 钢焊丝　　　　　D. 黄铜焊丝

54. 下列牌号中（　　　）是纯铝。

A. 1070A　　　　　B. 5A06　　　　　　　C. 6A02　　　　　　D. 2A04

55. 下列牌号中（　　　）是铝镁合金。

A. 1070A　　　　　B. 5A06　　　　　　　C. 6A02　　　　　　D. 2A04

56. 铝及铝合金焊接时生成的气孔主要是（　　　）气孔。

A. CO　　　　　　B. CO_2　　　　　　　C. H_2　　　　　　D. N_2

57. 铝及铝合金焊前必须仔细清理焊件表面的原因是为了防止（　　　）。

A. 热裂纹　　　　　B. 冷裂纹　　　　　　C. 气孔　　　　　　D. 烧穿

58. 焊接铝及铝合金时，在焊件坡口下面放置垫板的目的是为了防止（　　　）。

A. 热裂纹　　　　　B. 冷裂纹　　　　　　C. 气孔　　　　　　D. 塌陷

59. 铝合金焊接时焊缝容易产生（　　　）。

A. 热裂纹　　　　　B. 冷裂纹　　　　　　C. 再热裂纹　　　　D. 层状撕裂

60. 熔化极氩弧焊焊接铝及铝合金采用的电源及极性是（　　　）。

A. 直流正接　　　　B. 直流反接　　　　　C. 交流焊　　　　　D. 直流正接或交流焊

61. 钨极氩弧焊焊接铝及铝合金常采用的电源及极性是（　　　）。

A. 直流正接　　　　B. 直流反接　　　　　C. 交流焊　　　　　D. 直流正接或交流焊

62. 钨极氩弧焊焊接铝及铝合金采用交流焊的原因是（　　　）。

A. 飞溅小　　　　　　　　　　　　　　　B. 成本低

C. 设备简单　　　　　　　　　　　　　　D. 具有阴极破碎作用和防止钨极熔化

63. 纯铜焊接时，母材和填充金属难以熔合的原因是紫铜（　　　）。

A. 导热性好　　　　B. 导电性好　　　　　C. 熔点高　　　　　D. 有锌蒸发出来

64. 纯铜焊接时，常常要使用大功率热源，焊前还要采取预热措施的原因是（　　　）。

A. 纯铜导热性好，难熔合　　　　　　　　B. 防止产生冷裂纹

C. 提高焊接接头的强度　　　　　　　　　D. 防止锌的蒸发

65. 气焊纯铜要求使用（　　　）。

A. 中性焰　　　　　B. 碳化焰　　　　　　C. 氧化焰　　　　　D. 弱氧化焰

66. 气焊黄铜要求使用（　　）。

A. 中性焰　　　　B. 碳化焰　　　　C. 氧化焰　　　　D. 弱碳化焰

67. 钨极氩弧焊焊接纯铜时，电源及极性应采用（　　）。

A. 直流正接　　　B. 直流反接　　　C. 交流焊　　　　D. 直流正接或交流焊

68. 下列（　　）不是焊接钛合金时容易出现的问题。

A. 裂纹
C. 气孔
B. 容易沾污，引起脆化
D. 塌陷

69. 1Cr18Ni9 不锈钢和 Q235 低碳钢焊条电弧焊时，用（　　）焊条焊接才能获得满意的焊缝质量。

A. 不加填充　　　B. E308—16　　　C. E309—15　　　D. E310—15

70. 1Cr18Ni9 不锈钢和 Q235 低碳钢焊条电弧焊时，用（　　）焊条焊接时焊缝容易产生热裂纹。

A. E4303　　　　B. E308—16　　　C. E309—15　　　D. E310—15

71. 1Cr18Ni9 不锈钢和 Q235 低碳钢用 E308—16 焊条焊接时，焊缝得到（　　）组织。

A. 铁素体+珠光体　B. 奥氏体+马氏体　C. 单相奥氏体　　D. 奥氏体+铁素体

72. 1Cr18Ni9 不锈钢和 Q235 低碳钢用 E309—15 焊条焊接时，焊缝得到（　　）组织。

A. 铁素体+珠光体
C. 单相奥氏体
B. 奥氏体+马氏体
D. 奥氏体+铁素体

73. 1Cr18Ni9 不锈钢和 Q235 低碳钢用 E310—15 焊条焊接时，焊缝得到（　　）组织。

A. 铁素体 + 珠光体
C. 单相奥氏体
B. 奥氏体+马氏体
D. 奥氏体+铁素体

74. 1Cr18Ni9 不锈钢和 Q235 低碳钢焊接时，焊缝得到（　　）组织比较理想。

A. 铁素体+珠光体
C. 单相奥氏体
B. 奥氏体+马氏体
D. 奥氏体+铁素体

75. CG1—30 型半自动气割机在气割结束时，应先关闭（　　）。

A. 压力开关阀
C. 控制板上的电源
B. 切割氧调节阀
D. 预热氧和乙炔

76. 易燃易爆物品应距离气割机切割场地在（　　）m 以外。

A. 5　　　　　　B. 10　　　　　　C. 15　　　　　　D. 20

77. 锅炉压力容器是生产和生活中广泛使用的（　　）的承压设备。

A. 固定式　　　　B. 提供电力　　　C. 换热和储运　　D. 有爆炸危险

78. 工作载荷、温度和介质是锅炉压力容器的（　　）。

A. 安装质量　　　B. 制造质量　　　C. 工作条件　　　D. 结构特点

79. 凡承受流体介质的（　　）设备称为压力容器。

A. 耐热　　　　　B. 耐磨　　　　　C. 耐腐蚀　　　　D. 密封

80. 锅炉铭牌上标出的压力是锅炉的（　　）。

A. 设计工作压力
C. 平均工作压力
B. 最高工作压力
D. 最低工作压力

81. 锅炉铭牌上标出的温度是锅炉输出介质的（　　）。

A. 设计工作温度
C. 平均工作温度
B. 最高工作温度
D. 最低工作温度

82. 设计压力为 0.1MPa≤*P*<1.6MPa 的压力容器属于（　　）容器。
    A. 低压　　　　　　B. 中压　　　　　　C. 高压　　　　　　D. 超高压

83. 设计压力为 1.6MPa≤*P*<10MPa 的压力容器属于（　　）容器。
    A. 低压　　　　　　B. 中压　　　　　　C. 高压　　　　　　D. 超高压

84. 设计压力为 10MPa≤*P*<100MPa 的压力容器属于（　　）容器。
    A. 低压　　　　　　B. 中压　　　　　　C. 高压　　　　　　D. 超高压

85. 设计压力为 *P*≥100MPa 的压力容器属于（　　）容器。
    A. 低压　　　　　　B. 中压　　　　　　C. 高压　　　　　　D. 超高压

86. 低温容器是指容器的工作温度等于或低于（　　）的容器。
    A. −10℃　　　　　B. −20℃　　　　　C. −30℃　　　　　D. −40℃

87. 高温容器是指容器的操作温度高于（　　）的容器。
    A. −20℃　　　　　B. 30℃　　　　　　C. 100℃　　　　　D. 室温

88. （　　）容器受力均匀，在相同壁厚条件下，承载能力最高。
    A. 圆筒形　　　　　B. 锥形　　　　　　C. 球形　　　　　　D. 方形

89. 在压力容器中，筒体与封头等重要部件的连接均采用（　　）接头。
    A. 对接　　　　　　B. 角接　　　　　　C. 搭接　　　　　　D. T 形

90. 用于焊接压力容器主要受压元件的碳素钢和低合金钢，其碳的质量分数不应大于（　　）。
    A. 0.08%　　　　　B. 0.10%　　　　　C. 0.20%　　　　　D. 0.25%

91. 焊接锅炉压力容器的焊工，必须进行考试，取得（　　）后，才能担任焊接工作。
    A. 电气焊工安全操作证　　　　　　　　B. 锅炉压力容器焊工证
    C. 中级焊工证　　　　　　　　　　　　D. 高级焊工证

92. 压力容器相邻两筒节间的纵缝应错开，其焊缝中心线之间的外圆弧长一般应大于筒体厚度的 3 倍，且不小于（　　）mm。
    A. 80　　　　　　　B. 100　　　　　　C. 120　　　　　　D. 15

93. 压力容器同一部位的返修次数不宜超过（　　）次。
    A. 1　　　　　　　　B. 2　　　　　　　　C. 3　　　　　　　　D. 4

94. 为了保证梁的稳定性，常需设置肋板。肋板的设置根据梁的（　　）而定。
    A. 宽度　　　　　　B. 厚度　　　　　　C. 高度　　　　　　D. 断面形状

95. 焊接梁为了便于装配和避免焊缝汇交于一点，应在横向肋板上切去一个角，角边高度为焊脚高度的（　　）倍。
    A. 1～2　　　　　　B. 2～3　　　　　　C. 2～4　　　　　　D. 3～4

96. 焊接梁的翼板和腹板的角焊缝时，由于该焊缝长而规则，通常采用自动焊，并最好采用（　　）位置焊接。
    A. 角焊　　　　　　B. 船形　　　　　　C. 横焊　　　　　　D. 立焊

97. 工作时承受（　　）的杆件叫柱。
    A. 拉伸　　　　　　B. 弯曲　　　　　　C. 压缩　　　　　　D. 扭曲

98. 在环焊缝的熔合区产生带尾巴、形状似蝌蚪的气孔，是（　　）容器环焊缝所特有的缺陷。
    A. 低压　　　　　　B. 中压　　　　　　C. 超高压　　　　　D. 多层高压

99. 焊接梁和柱时，除防止产生缺陷外，最关键的问题是要防止（　　）。

A. 接头不等强　　B. 接头不耐腐蚀　　C. 焊接变形　　D. 锌的蒸发

100. 荧光探伤是用来发现各种材料焊接接头的（　　）缺陷的。

A. 内部　　　　　B. 表面　　　　　C. 深度　　　　　D. 热影响区

二、判断题

1. 焊接时产生的弧光是由紫外线和红外线组成的。（　　）

2. 弧光中的紫外线可造成对人眼睛的伤害，引起白内障。（　　）

3. 用酸性焊条焊接时，药皮中的萤石在高温下会产生氟化氢有毒气体。（　　）

4. 焊工尘肺是指焊工长期吸入超过规定浓度的烟尘或粉尘所引起的肺组织纤维化的病症。（　　）

5. 焊工应穿深色的工作服，因为深色易吸收弧光。（　　）

6. 为了工作方便，工作服的上衣应系在工作裤内。（　　）

7. 焊工工作服一般用合成纤维织物制成。（　　）

8. 焊接场地应符合安全要求，否则会造成火灾、爆炸、触电等事故的发生。（　　）

9. 面罩是防止焊接时的飞溅、弧光及其他辐射对焊工面部及颈部损伤的一种遮蔽工具。（　　）

10. 焊机的安装、检查应由电工进行，而修理则由焊工自己进行。（　　）

11. 焊工在更换焊条时，可以赤手操作。（　　）

12. 焊条电弧焊施焊前，应检查设备绝缘的可靠性，接线的正确性，接地的可靠性，电流调整的可靠性等。（　　）

13. 铸铁焊条分为铁基焊条、镍基焊条和其他焊条三大类。（　　）

14. 焊条牌号为 Z408 的铸铁焊条是纯镍铸铁焊条。（　　）

15. 铸铁焊丝的型号是根据焊丝本身的化学成分及用途来划分的。（　　）

16. 铸铁焊丝可分为灰铸铁焊丝、合金铸铁焊丝和球墨铸铁焊丝。（　　）

17. RZCQ 型焊丝中含有一定质量分数的合金元素，焊缝强度较高，适用于高强度灰铸铁及合金铸铁的气焊。（　　）

18. 铝及铝合金焊条在实际生产中使用极少。（　　）

19. 铝及铝合金焊丝是根据化学成分来分类并确定型号的。（　　）

20. 常用来焊接除铝镁合金以外的铝合金的通用焊丝牌号是 HS331。（　　）

21. 铝及铝合金用等离子切割下料后，即可进行焊接。（　　）

22. 铝及铝合金的熔点低，焊前一律不能预热。（　　）

23. 铜及铜合金采用开坡口的单面焊时，必须在背面加成形垫板才能获得所要求的焊缝形状。（　　）

24. 为了防止铜及铜合金焊接时产生冷裂纹，焊前工件常需要预热。（　　）

25. 由于异种金属之间性能上的差别很大，所以焊接异种金属比焊接同种金属困难得多。（　　）

26. 不锈钢复合板焊接时，坡口一般都开在基层（低碳钢）上。（　　）

27. 埋弧焊机的调试内容包括电源、控制系统、小车三个组成部分的性能与参数测试和焊接试验。（　　）

28. 钨极氩弧焊机的调试内容主要是对电源参数调整、控制系统的功能及其精度、供气系统完好性、焊枪的发热情况等进行调试。（　　）

29. 热处理强化铝合金强度高，焊接性好，广泛用来作为焊接结构材料。（　　）

30. 铝及铝合金焊接时焊前有时进行预热是为了防止冷裂纹。（　　）

31. 青铜的焊接性比纯铜和黄铜都差。（　　）

32. 铜及铜合金的焊接方法很多，熔焊是应用最广泛、最容易实现的工艺方法。　　　（　　）

33. 由于纯铜的熔点低，因此气焊时，应用比低碳钢小 1～2 倍的火焰能率进行焊接。　　（　　）

34. 钛及钛合金焊接目前应用最广泛的方法是焊条电弧焊。　　　　　　　　　　　　　（　　）

35. 异种钢焊接时，焊缝的成分取决于焊接材料，与熔合比大小无关。　　　　　　　　（　　）

36. 1Cr18Ni9 不锈钢和 Q235 低碳钢采用钨极氩弧焊焊接时，不加填充焊丝，才能获得满意的焊缝质量。　　　　　　　　　　　　　　　　　　　　　　　　　　　　　　　　　　　（　　）

37. 当两种金属的线膨胀系数和热导率相差很大时，焊接过程中会产生很大的热应力。　（　　）

38. 管子水平固定位置焊接时，有仰焊、立焊、平焊位置，所以焊条的角度随着焊接位置的变化而变换。　　　　　　　　　　　　　　　　　　　　　　　　　　　　　　　　　　　　（　　）

39. 气割机的种类、形式很多，大致可以分为移动式、固定式、专用气割机。　　　　　（　　）

40. 下雨天可以在露天使用气割机。　　　　　　　　　　　　　　　　　　　　　　　（　　）

41. 要求焊后热处理的压力容器，应在热处理后焊接返修。　　　　　　　　　　　　　（　　）

42. 焊接工艺评定是保证压力容器焊接质量的重要措施。　　　　　　　　　　　　　　（　　）

43. 梁与梁的连接形式有对接和搭接两种。　　　　　　　　　　　　　　　　　　　　（　　）

44. 对于不同高度梁的对接时，应有一过渡段，焊缝应尽可能在过渡段部位。　　　　　（　　）

45. 焊接方向对控制梁的焊接变形是很重要的。不同的焊接方向引起的焊接变形不同。　（　　）

46. 铸铁型焊缝容易产生热裂纹。　　　　　　　　　　　　　　　　　　　　　　　　（　　）

47. 铸铁焊接时减小熔合比，即减小焊缝中铸铁母材的熔入，可以防止冷裂纹。　　　　（　　）

48. 焊接梁和柱时，极易在焊后产生弯曲变形、角变形和扭曲变形。　　　　　　　　　（　　）

49. 为了提高梁和柱的刚性，焊缝尺寸越大越好。　　　　　　　　　　　　　　　　　（　　）

50. 利用反变形法可以用来克服梁的角变形和弯曲变形。　　　　　　　　　　　　　　（　　）

参 考 文 献

[1] 栾振涛. 金工实训. 北京：机械工业出版社，2001.

[2] 沈剑标. 金工实训. 北京：机械工业出版社，1999.

[3] 徐永礼，田佩. 金工实训. 广州：华南理工大学出版社，2006.

[4] 魏峥. 金工实训教程. 北京：清华大学出版社，2004.

[5] 吴鹏，迟剑锋. 工程训练. 1版. 北京：机械工业出版社，2004.

[6] 柳秉毅. 金工实习. 北京：机械工业出版社，2004.

[7] 俞尚知. 焊接工艺人员手册. 上海：上海科学技术出版社，1991.

[8] 孙以安. 金工实习. 上海：上海交通大学出版社，2005.

[9] 周宗明，徐晓东. 金工实习教程. 北京：科学出版社，2007.

[10] 清华大学金属工艺学教研室. 金属工艺学实习教材. 3版. 北京：高等教育出版社，2003.